零起点
第 1 堂 摄 影 课

〔日〕河野铁平 ○著
郑世凤 ○译

U0247612

街景 / 人物 / 美食 / 宠萌……攻克不同场景的特别摄影课 / 日本顶级杂志摄影师教你定格精彩生活

山西出版传媒集团　山西人民出版社

前言

摄影，
能让我们凝神注目于日常生活中的点滴细腻之处。
平淡的日子里，
一个个平时未曾留意、擦肩而过的画面，
也会重新引起我们的注意。

而生活，作为照片记录下来，
就会留给我们难忘的回忆。
——曾经确有此事、确有此物。
留在记忆里的，将不止是所拍之事或物；
同时唤起的，还有那情那景带来的感受，
它会随着照片一同苏醒。
即是说，我们与照片相逢，与相机同行，
就会带给朋友们许多感动，共享快乐人生。

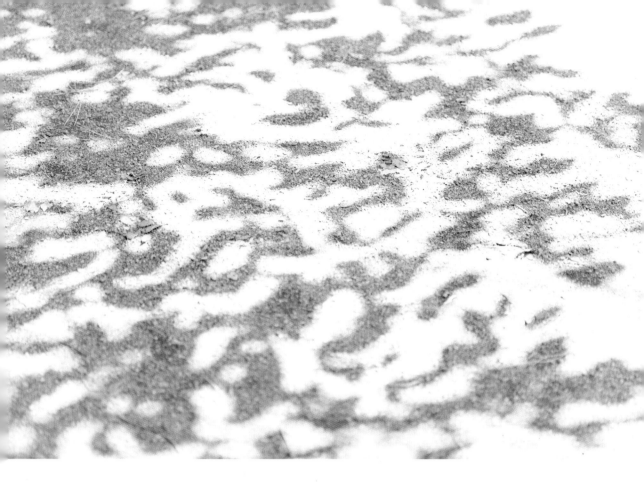

摄影最重要的是什么?
重要的是对眼前景物的爱。
构图也好，亮度也好，色彩也好，都在其次。

拍摄手法高明的照片未必就是好的照片。
好的照片，是能让人无条件感动的，
是那种让看它的人心旌摇曳的感动。

本书是传授摄影技术的。
技术只是帮助我们"确保"将那种感动"纳入照片"的一个工具而已。
最最重要的，
毋庸赘言，是摄影人眼中的柔情。
从拿起相机那一刻起，我们眼里的世界开始不同。
那种崭新的感动，就从这里开始蔓延。
我衷心祝愿本书能为您全新的摄影生活助一臂之力。

2011 年 初秋 河野铁平

目录
Contents

第三章　使用相机功能中的各种场景模式来进行实际拍摄

第四章　将拍摄的照片做出自己想要的效果

【卷末】照片成像的构成要点

《《《 第一章

用数码单反相机拍摄照片的基础知识

随着数码单反相机的性能提升,其相应的自动功能也越来越多。在此,我们在对数码单反相机这个概念本身重新进行简略解说的同时,就其自动拍摄和手动拍摄两种不同的拍摄方法的基础知识做一下介绍。

1

了解什么是数码单反相机

两种不同的数码单反相机

　　数码单反相机是一种能够根据所拍景物和场面灵活调整的万能相机。它最大的魅力就在于可以"结合自己目前的水平"灵活选择拍摄方式，包括稍后我们要讲的带有各种拍摄模式：可以简单操作的自动拍摄，以及能拍出更优质更具个人风格的手动拍摄。

　　所谓数码单反相机，泛指可以更换镜头的数码相机。近年来，大小各异、形色纷呈的数码单反相机争相亮相，市场上热闹非凡。比如，我们在这里介绍的佳能 EOS Kiss X5[①]和奥林巴斯 PEN E-P3，这两款相机在大小和款式方面就截然不同。二者最具决定性的不同之处在于有无取景器。佳能 EOS Kiss X5 有取景器，而奥林巴斯 PEN E-P3 却没有。原因是不配置取景器就能省去相机内部的反光镜，就可以实现小型化的结果。像 E-P3 这样的相机被叫作"无反光镜单镜头相机"（译者注：俗称"微单"），用它摄影时要么一边确认着液晶显示屏一边拍，要么在相机外安装一个叫作 EVF 的外置取景器来拍。

★佳能 EOS Kiss X5

　　作为初入门的机型，这是一款比较具有代表性的数码单反相机。和 E-P3 相比，它个头较大，不过依然还是比较轻量紧凑的。

★奥林巴斯 PEN E-P3

　　设计也比较时尚的一款数码单反相机。大小也正好能收入包中，非常便于携带。

　　这是奥林巴斯 PEN E-P3 安上电子的取景器（EVF）的状态。照到液晶显示器上的影像会在这里如实显示出来。

　　一般的数码单反相机，为了从取景器中看到影像，都会在相机内部设置反光镜。但是，如果没有取景器的话，也就没有必要安装反光镜了，相机自身相应地也就能做得薄一些。从这个意义上讲，没有反光镜的相机，人们把它们叫作"无反光镜单镜头相机"（译者注：俗称"微单"）。

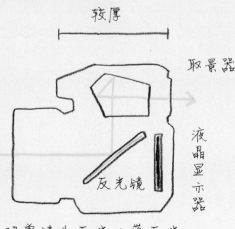

较厚　　　　　　　　　　　　　　较薄

取景器

液晶显示器

反光镜

液晶显示器

数码单镜头反光（带反光镜）相机（即单反相机）　　　　"无反光镜单镜头相机"

注：①文中提到的"佳能 EOS Kiss X5"国内对应型号为"佳能 EOS 600D"。

相机的很多配置都是一样的

我想强调的一个重点就是，"无反光镜单镜头相机"并不是降低了相片质量来实现相机自身的小型化，而是通过"改变相机的构造"来实现了相机的小型化。也就是说，实际情况是，它跟取景器在内部的数码单反相机在画质上并无明显区别。从这个意义上讲，我们在选择相机的时候，要从相机的可操作性、可携带性和其他各自具备的独特性能等方面，选择一台适合自己摄影方式的相机。带着这个概念去选择才是至关重要的。

另外，所有厂家的数码单反相机在配置上的倾向都很相似。首先，很多机种都独立设有模式转盘，可以转换摄影模式。而且，几乎所有机种上都配有可以更加简便地进行摄影的十字键，从这里，一键就能调出经常使用的某些功能。此外，每个相机都必然配有可以转换设定模式的菜单，里面会有包括拍摄照片、播放所拍照片等等所有详细功能。菜单可以通过菜单按钮调出来，没有模式转盘的相机也可以从这个菜单里面来改变摄影模式等。

◇不同机种的相机配置大致相同◇

★佳能EOS Kiss X5的背面

模式转盘
利用模式转盘可以转换各种各样的摄影模式。大多数模式转盘都像下面这样独立设置在相机的上方。

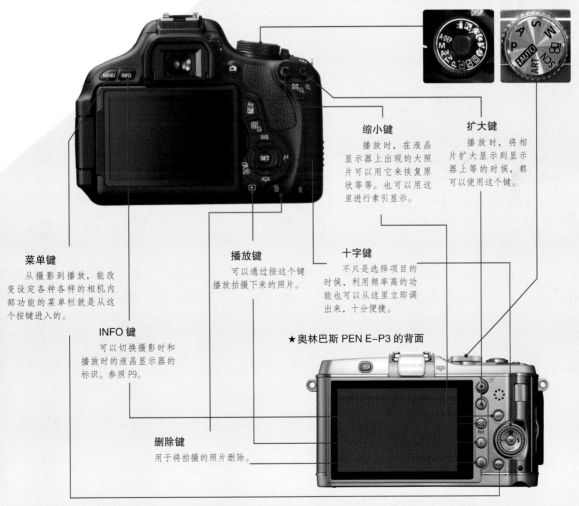

缩小键
播放时，在液晶显示器上出现的大照片可以用它来恢复原状等等。也可以用这里进行索引显示。

扩大键
播放时，将相片扩大显示到显示器上等的时候，都可以使用这个键。

菜单键
从摄影到播放，能改变设定各种各样的相机内部功能的菜单栏就是从这个按键进入的。

播放键
可以通过按这个键播放拍摄下来的照片。

十字键
不只是选择项目的时候，利用频率高的功能也可以从这里立即调出来，十分便捷。

INFO 键
可以切换摄影时和播放时的液晶显示器的标识。参照 P9。

★奥林巴斯 PEN E-P3 的背面

删除键
用于将拍摄的照片删除。

相机品种的不同，按键的位置也各不相同，不过，相机所配备的功能大多数都是一样的。

2

相机和镜头的关系

◇镜头的安装方法◇

相机的机身盖和镜头的后盖按照箭头所指的方向旋转来拆卸。

相机和镜头的安装拆卸部分一定会有安装标记，对准上面重合后，安插进去。

如果插得到位的话，向着箭头所指方向转动镜头，一直到听见咔嚓一声响为止。

拆卸镜头的时候，一边按着相机的镜头拆卸键，一边沿着箭头方向转动镜头。

*根据厂家不同，镜头等的安装和拆卸的方向会有不同。

所谓能更换镜头是怎么一回事

如前所述，数码单反相机最大的一个特征就是可以使用各种各样类型的镜头。当然并不是说可以"随意"使用"任何镜头"。首先，相机厂家不同的话，一般情况下镜头是不能通用的。例如，佳能的相机就不能使用尼康的镜头。进一步说，即使是同一个厂家生产的相机，有时机种不同，镜头也许不能使用，也许使用时会伴随很多限制的。即是说，虽说是佳能的相机，但也并非所有佳能的镜头都可以使用。我们在考虑购买镜头的时候，也要充分注意这些问题，在购买现场认真确认后再进行选择。这点很重要。

除此之外，也有些镜头是镜头生产厂家为了配合各个相机生产厂家生产的相机而特意制造的。譬如，适马（SIGMA）和腾龙（TAMRON）等厂家就根据佳能和尼康等不同相机厂家的不同相机规格，制造了与之相配的镜头。另外，如果使用专门的安装适配器的话，有时候也可以使用其他配置的镜头。

★尼康 AF-S DX NIKKOR 18-55mm f/3.5-5.6G VR

这是尼康纯正的镜头。与佳能同样，镜头的销售分为初级入门专用机型和高级高配置专用机型。初级入门机型叫作DX格式，高配置机型叫作FX格式。这个镜头如上面所标记的一样，是一个适合对应DX格式的入门机型的镜头。

★佳能 EF-S 18-55mm F3.5-5.6 IS II

这是佳能纯正的镜头。是一款适合以 EOS Kiss X5 为首的初级入门机型的数码单反相机的镜头。"EF-S"这个名称就是这样的意思，对十面向专业摄影等的高配置机型，要使用"EF"镜头。像这样，即使是同样的尼康镜头，相对应的镜头和机型也是不同的。

★奥林巴斯 三分之四适配器 MMF-1

这是用来接到 E-P3 等的奥林巴斯 PEN 系列的无反光镜单反相机上的适配器。利用这个适配器，一般来说奥林巴斯数码单反相机不能互换来用的全部"ZUIKO DIGITAL"镜头就都能够使用了。

★适马 17-70mm F2.84 DC MACRO OS HSM

适马相机也生产了匹配自己公司生产的相机的纯正镜头。当然，也在大量出售适合各个厂家相机的通用的镜头。这边的镜头是初级入门专用镜头，也适合安装于索尼、尼康、宾得、佳能的镜头接环。此外，图丽和腾龙等也生产通用镜头。

一点小建议　　　[镜头脏污时的处理方法]

当镜头面上沾上指纹等，出现脏污的时候，要用专用的清洁纸，像轻柔地抚摩一样来擦拭镜头面。镜头面是非常精密的，如果用纸巾或者布来擦拭的话，有可能会造成划痕。当镜头上有很难擦掉的严重脏污的时候，用专用清洁纸稍稍沾一点点清洁液，轻轻敲击一下来擦除。沾有飞尘和灰土的时候，我们可以用气吹来吹掉它。

镜头面的脏污要使用专用的清洁纸来轻柔地拭去。

简单的灰土等用气吹将其吹掉。

不只是镜头，对整个相机进行全盘清洁的小商品市面上也有售。

相机的正确手持方式和携带方式

手持和携带相机的时候，要保持相机处于安定状态，防止抖动

首先我们在购买相机的时候，一定要尽可能地配上肩带。在携带相机的时候，要尽可能地让相机处在身体的前方。可以采取把相机从头套在脖子上、顺势挂在脖子上的方式，或者其他方式。采取用肩膀斜背的时候，也要注意将相机放在前方。如果采取往后方斜背姿势来垂挂相机的话，在人流混杂的地方，镜头就有可能被他人或者建筑物等碰坏，十分危险。

手持相机时，如果需要横拿相机，则左手托住镜头下方，右手抓紧相机机身。此时，右手食指要放在快门键上面。竖拿相机时，如果把快门键放在下方的话，相机拿起来会比较安定，且不感觉沉重。

拿相机时，很重要的一点就是两臂要夹紧，两腿要尽可能分开至与肩同宽。做到这个要点，会使相机拿起来具有稳定感。

现如今，任何人都能很简单地玩味摄影带来的乐趣了。而摄影中最多见的失败就是手的抖动。不管快门速度有多快，一旦自己的手抖动相机了，效果便无从谈起。用正确的姿势手持相机、携带相机是玩转摄影技巧中基本的基本。

相机上一定吊上肩带，让它从脖子上垂下来是比较理想的。这样当遇上想拍的东西的时候，就能够立即拿起相机；而且相机碰到其他地方的可能性也比较小。

当脖子疲劳的时候，用肩膀斜挎下来也可以。用肩膀斜挎，也要注意一定要尽量让相机向着身体的正面垂下来。

像这样斜挎在肩上，将相机置于背后的做法是很危险的。因为相机有可能会不小心碰到其他人或者物体上。

OK 　　　　　　　　　**OK**

纵握相机的时候有两种拿法：将快门键放在下面的拿法和放在上面的拿法。将快门键放在下面拿的时候，相机的重量会减轻，拿起来比较轻松。建议女性朋友这样拿。

OK 横着拿相机的时候，用左手撑住相机的下方，右手握着握柄。右手的食指按在快门键上。

NG 从上面拿相机的话，相机就会没有稳定感，一直拿着拍的话，会很累。

NG 像这样分开两腋来拿相机的姿势，是最容易引起手抖的。

OK 收紧两腋，双脚稍稍分开是比较理想的姿势。它可以最大限度地防止手抖。

有关摄影和照片播放的
基本知识

◇从对焦到摄影的流程◇

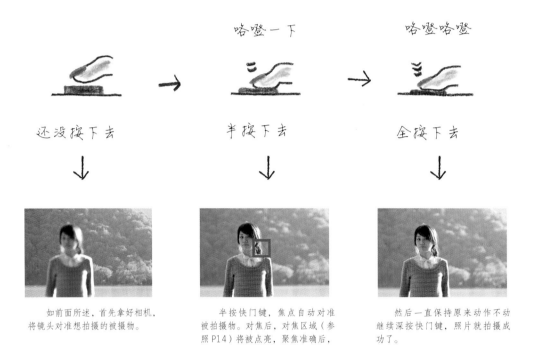

如前面所述，首先拿好相机，将镜头对准想拍摄的被摄物。

半按快门键，焦点自动对准被拍摄物。对焦后，对焦区域（参照 P14）将被点亮，聚焦准确后，会听到蜂鸣音。

然后一直保持原来动作不动继续深按快门键，照片就拍摄成功了。

摄影到播放

　　下面我们把相机安上镜头，插入电池和存储卡（参照 P32），来具体尝试拍摄点什么东西。首先，打开电源，将相机模式转盘设置到自动上，焦点对准所拍物。通常情况下，只要轻按快门键（叫作半按），相机就可以轻松实现自动对焦。然后，继续用力把快门键按下去，就可以拍摄出照片了。也就是说，到实现拍摄为止，要经过包括对焦在内的两个阶段的操作。我们要尽快掌握这种半按快门键的感觉。

　　另外，所拍照片很快就能通过液晶显示屏播放。这时，我们既可以选择几种显示方式来显示画面，也可以在此确认摄影时的相关数据之类。

　　如果不是通过取景器来确认画面，而是通过在液晶显示屏上的显示来确认的话，摄影时液晶显示屏上的显示也可以根据自己的喜好来更换。可以一边确认快门速度，一边摄影。

◇摄影时，常用的液晶显示屏的切换◇

★ 直方图显示

可以一边显示能客观确认明亮度的直方图、一边进行摄影。

★ 基本信息显示

具体摄影时，一边显示信息、一边进行摄影。

★ 没有信息显示

好处是由于不显示任何信息，能够让人集中精力进行摄影。

◇播放时，常用液晶显示屏的切换◇

★ 摄影信息显示

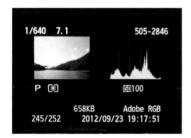

可以详细确认摄影时的数据的显示。

★ 简易信息显示

只在图像上显示最低限的信息。

★ 没有信息显示

当想确认图片本身的效果时有效。

※ 这些通常都是按相机的"INFO 按键"，就能切换显示了。

一点小建议　　[直方图是什么东西?]

　　所谓直方图，是为了客观确认照片的亮度而准备的像素的分布图。所谓数码照片，其实是各种各样不同亮度像素的集中营。直方图会对这个像素从右往左按照明亮度的顺序来排序。这个"山"如果靠右边，就意味着整个照片会比较明亮；"山"若靠左边，就意味着整个照片会比较发暗。

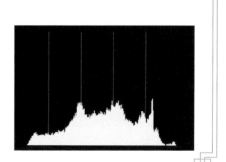

调整焦距

（1）自动对焦（AF）与
手动对焦（MF）

一般的数码单反相机，在镜头接口处带有切换自动对焦和手动对焦的开关。手动对焦可以旋转对焦环进行对焦。

在无反光镜单反相机等机种中，有很多相机的自动对焦和手动对焦的切换不是在镜头那边，而是可以在相机菜单里设定。也可以结合之后要解说的自动对焦方式，进行变更。

像这样，拍摄眼前栅栏里的动物园里的动物的时候，手动对焦比较方便。

摄影数据：程序自动模式
F4 1/200 秒 +1 补正 ISO400 白平衡：自动 相当于 100mm

控制焦点的东西控制照片

　　如前所述，对焦通常是通过半按快门键来实现的。这个行为叫作自动对焦（AF）。与此相对，摄影人自己一边转动镜头的焦点旋钮，一边调整对焦的做法叫作手动对焦（MF）。

　　一般情况下，对焦用自动方式也完全没有问题。可是，随着人对摄影越来越深入，想使用手动对焦的机会也必然会增加。或者也可以这么说，根据拍摄对象和场景，适当选择使用自动和手动对焦正是走向高超的摄影水平的关键。

　　手动对焦方式最适用的首先是在相机自动对焦无法做出灵敏判断的时候。还有要拍摄派对现场或者是夜景等的时候，由于场景比较暗，也无法很好地自动对焦。这个时候自己可以用 MF 档进行手动对焦。其他像在动物园里拍摄对面栅栏里的动物的时候，或者近拍花草等的时候，以及其他类似场合，像这种想把焦点完全对准想要对准的地方的时候也可以活用手动对焦。

　　这是一张拍摄百花的照片。用手动对焦来选择焦点的位置进行拍摄。对焦的位置不同，照片的效果就会迥然不同。手动对焦在拍摄这样的被拍摄物的时候，能选择焦点的位置，十分方便。上下照片同样的摄影数据：手动模式　F2.8　1/640 秒　ISO400　白平衡：自动　相当于 100mm

（2）单次自动对焦和连续
自动跟踪对焦

★用连续自动跟踪对焦摄影

最适合拍摄来回运动的被拍摄物。在半按快门键期间，相机会连续自动重复对焦。摄影数据：快门速度优先模式 F2.8 1/4000 秒 ISO200 白平衡：自动 相当于100mm

★用单次自动对焦摄影

不只是景物，对于被摄主体运动速度不快，或者说可以预测其下一步行动的被拍摄物，单次自动对焦很合适。摄影数据：光圈优先模式 F3.5 1/1000 秒 ISO200 白平衡：自动 相当于100mm

让我们根据拍摄对象不同，来区分使用这两种对焦方式

根据拍摄对象的不同，大致可以选择两种不同的自动对焦方式，即单次自动对焦和连续自动跟踪对焦。当然，具体叫法会因厂家不同而异。您不妨用自己的相机来确认一下。

所谓单次自动对焦，指的是半按快门键，仅进行一次对焦的自动对焦方式。从拍摄静物、到拍摄肖像到捕捉拍摄等等，一般的拍摄对象用单次自动对焦就够用了。

与其相比，所谓连续自动跟踪对焦，指的是一直能够连续进行对焦的自动对焦方式。它对于活动物体的拍摄比较有效，比如说要拍摄跑来跑去的小狗或在公园里玩耍的孩子。在动作剧烈的运动等方面，连续自动跟踪对焦就具有优势了。

除此之外，还有些机种上也带有能够根据拍摄对象的活动，对已经调好的焦距进行"继续追踪"的自动对焦追踪模式，还有带有能够根据所拍摄的对象的需要，相机自动切换单次对焦和连续对焦的自动切换式机种。

★连续自动跟踪对焦+连拍功能

　　对于活动的被拍摄物，即使用连续自动跟踪对焦对好了焦点，也未必就能捉住决定性的瞬间。这里我们建议您结合连续自动跟踪对焦和连拍功能一起用。将快门键全按下去的过程中，就可以像一幕一幕接连放映一样连续拍摄照片。进一步说，如果在这里利用高速快门速度（参照P20）的话，效果非常大。拍摄快速移动的被拍摄物，一定要试一下这种拍法。

　　三张照片共同的摄影数据：快门速度优先模式 F5 1/800 秒 +2/3 档曝光补偿 ISO200 白平衡：自动 相当于100mm

« « « Chapter 1

5

（3） 自动对焦锁定与对焦区域

◇自动对焦锁定的活用方法◇

在画面的正中央对准被拍摄物用 AF 自动对焦。

保持半按快门键，即使移动画面，焦点的位置也会继续保持。

花等景物也可以利用这项功能来拍摄。同样也可以在正中央对焦。

像这样，拍摄时巧妙做出空间来拍的时候等等，用自动锁定对焦点也十分方便。

使用自动对焦锁定来固定住焦点的位置

在相机的初期设定里，使用自动对焦来调整焦距时，是按照焦点对准画面中央来对焦的。可是，如果我们想把焦点对准位于画面某一端的拍摄对象时，应该怎么操作呢？当然，我们可以使用手动对焦，采取手动方式来调整焦距。不过，最简单的方法应该是利用自动对焦锁定（焦点锁定）功能了。实际上，在半按快门键的整个过程中，调整好的焦点会一直固定下来。即使移动画面，焦点也会保持在原来的位置，不会错动。在正中央调整好焦点之后，焦点保持不动的情况下，根据构图需要移动相机，就会得到与调整焦点到自己想对准的对象一样的效果。这种功能就是自动对焦锁定功能。

此外，也可以移动要对准焦点的那个对象，将它从画面的正中间移动到其他地方。也可以设定整个区域，这时，相机就会自动地在合适的地方调整焦距。顺便说一下，相机厂家不同，对调整焦点的区域的称呼也不同。一般都叫作对焦区域和对焦点，还有 AF 框架和测距点等。

★利用所有的对焦区域

　　在把所有区域都作为焦点的对象的时候，对于眼前的被拍摄物，相机会自动选择特定的对焦区域，进行对焦。

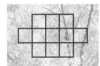

★设定特定的对焦区域

　　通常情况下，设定在正中央的对焦区域也可以移动到其他地方。变更后的目标地，可作为新的对焦区域利用。

了解模式转盘

(1) 全自动模式与场景模式的特征

★用全自动模式摄影

　　各种机型的自动功能都在显著进化，相机自动就能结合眼前的被拍摄物和眼前的情景，拍出精彩照片。

　　这是佳能 EOS Kiss X5 的模式转盘。这个机种上绿色的标记相当于全自动，用图片表示的部分相当于场景模式。

让我们首先尝试使用自动摄影

　　数码单反相机的魅力之一，就是可以通过模式转盘很简单地选择多种的摄影方式。模式转盘的内容在各个相机厂家之间也没有多大的差异，大致都包括全自动、场景模式、P、A（Av）、S(Tv)、M 六种摄影模式。

　　购买相机之后，让我们首先来试用一下相机的全自动模式和场景模式吧。所谓全自动，顾名思义，也就是摄影的全部过程都能交给相机来处理的模式，我们只要按下快门键就能轻松摄影了。所谓场景模式，就是只要设定好各种场景，相机就能自动做出判断、自动选择最合适的显示方式的一种模式。例如，假设我们要拍摄黄昏的风景，将相机设定成场景模式中的"黄昏景色"的话，画面就会略带红色和黄色，整体就会突出红霞满天的效果。

　　重要的一点是，没有必要从一开始就逼着自己进行手动摄影。自动摄影，完全交给相机，既能减少失败，也能拍出好的照片。当您感到"自动拍摄似乎缺点儿什么啊"的时候，再开始尝试其他摄影方式也完全来得及。

◇摄影时的代表性的液晶显示屏显示的切换◇

★人像摄影

　　会做出最适合人物摄影的效果。也有的机种上带有让肌肤更显亮滑的功能。

★微距摄影

　　当需要近距离拍摄（近接摄影）花和甜点等的时候，微距摄影是一个有效的模式。拍出的照片会出现背景模糊的效果。

★烟花

　　最近，利用针尖空中精确摄影（正确测定点）拍摄特定的被拍摄物的模式也在增加。用这个模式能帮助我们拍摄出烟花的最佳效果。

★夕阳

　　这个模式可以将夕阳的红色更加强调出来。在白天使用这个模式的话，情景就会拍成淡淡的红黄效果。

※ 场景模式种类丰富的数码单反相机正在增加。
　 用自己的相机能拍出一些什么样的效果呢？让我们在享受中确认吧。

（2）光圈优先模式的特征

光圈优先模式
通常用 A 或者用 Av
来表示。

佳能 EOS Kiss X5
是在这个位置显示光
圈的数值。用快门键
前面的电子转盘来变
换数值。

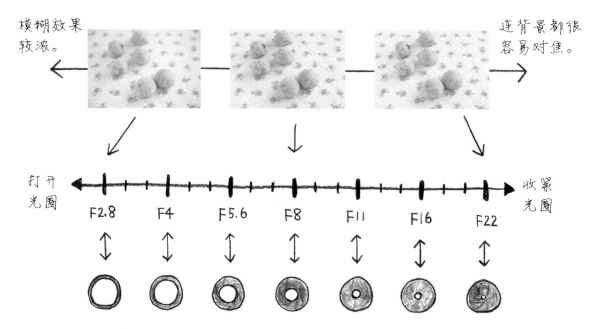

模糊效果
较浓。

连背景都很
容易对焦。

打开光圈

F2.8　F4　F5.6　F8　F11　F16　F22

收紧光圈

光圈的数值越小，光圈孔就越大。还有，光圈数值叫作 F 值（EFUTI），我们把调小 F 值叫作"打开光圈"，把调大 F 值叫作"收紧光圈"。光圈越大，景深越小，模糊效果相应地就会越强。

可以调整背景模糊度的模式

对于活用模糊效果比较有效的摄影模式就是光圈优先模式了。模式转盘中的 A（Av）指的就是它了。

如果设定了光圈优先模式的话，相机就能自动变换出"以合适的亮度来拍摄照片所需要的"光圈值。联动快门速度自动确定。所谓光圈，说得简单一点，就是相机上面通过光线的一个圈，感光器就是从这个圈里吸收适量的光线，记录影像的。这个圈开口越大，背景模糊程度就越大（景深越小）。一般情况下，光圈的大小用"F+ 数字"来表示。这个数值越小，就表示光圈越大。也就是说，如果我们将相机光圈的数值设定的很小的话，就会拍摄出背景模糊度很高的照片。

还有，光圈数值越大，景深范围也就越宽，而快门速度却会变慢。在需要连背景都要对焦来拍摄的时候，我们头脑里要有这么一个意识，要特别注意手不要抖动。

★ 用F2.8摄影

从下往上拍摄睡莲的花，将背景也拍进去。背景模糊程度很大。
摄影数据：光圈优先模式　F2.8　1/640 秒　ISO200　白平衡：自动　相当于27mm

★ 用F16来摄影

从面前的牌子到背景全部对焦。
摄影数据：光圈优先模式　F16　1/160 秒　ISO200　白平衡：自动　相当于27mm

（3）快门速度优先模式的特征

快门速度优先模式通常用S或者Tv来表示。

用佳能 EOS Kiss X5 是这样显示的。光圈值的旁边显示的是快门速度。与光圈优先模式一样，可以用快门键前面的电子转盘来改变数值。

容易模糊　　　　　　　　　　　　　　　　　　　　不容易模糊

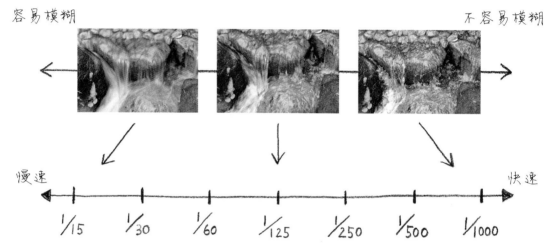

慢速　　　　　　　　　　　　　　　　　　　　　快速

1/15　1/30　1/60　1/125　1/250　1/500　1/1000

快门速度越快，就越容易将被拍摄物捕捉住。但是，这也要看被拍摄物的活动速度。
快门速度尽管很快，但根据被拍摄物的速度的不同，有时也会出现模糊的情况。重要的是根据不同场景——试拍来确认。

可以调整快门速度的模式

与可以调整背景模糊度的光圈优先模式相比，快门速度优先模式，顾名思义，就是能够自动变更快门速度的模式了。联动的光圈数值是自动确定的。模式转盘中的 S（Tv）指的就是它了。

归根结底，所谓快门速度，就是让光线通过光圈进入相机的"时间"。这个速度越快，相机就越能把活动的拍摄对象准确地捉住，避免照片拍得模糊。速度越慢，拍摄对象就会拍得越模糊，也就越能突出其活动感，又是另外一番情趣。在拍摄体育运动和跑来跑去的孩子等大幅度活动的对象时，高速快门比较适合。相反，在拍摄河川等的时候，如果利用低速快门拍摄，就会把水流拍摄得宛若一束白丝带，别有情趣。只不过，这个时候相机需要稳定，三脚架就是必需品了。

利用快门速度的效果来拍摄照片，它的魅力就在于能把肉眼无法捕捉的瞬间情形用照片留下来。改变快门的速度，会给最终的照片带来什么样的变化呢？让我们以自己的方式来体验一下吧。

用快门速度5秒进行拍摄

通过降低快门速度，普通河水流动的样子也变成了唯美的幻境般的姿态。

摄影数据：快门速度优先模式 F25 5秒 +1/3 档曝光补偿 ISO100 白平衡：荧光灯 相当于 100mm 使用三脚架

（4）程序自动模式的特征

程序自动模式通常是用 P 来表示的。

半按快门键的话，就能自动决定光圈和快门速度。

在程序自动模式下，为了能将眼前的被拍摄物以合适的亮度拍摄出来，光圈和快门速度是自动决定的。这是一种以抓拍摄影为首，在各种各样的场景下，都很有效的一个方便的摄影模式。摄影数据：程序自动摄影 F11 1/125 秒 ISO200 白平衡：自动 相当于 40mm

平时一直使用 P 就足够了

　　程序自动模式是光圈和快门速度两个都由相机自动决定的一种摄影模式。模式转盘上是用 P 来表示的。它能够同时并用后面我们要讲的曝光补偿和白平衡等功能（顺便提一下，光圈优先模式和快门速度优先模式等也能同时并用），在这一点上，它与全自动和场景模式是大相径庭的。

　　程序自动模式是一种可以不必拘泥于光圈和快门速度效果的摄影方式，十分方便。因为它也可以利用其他的功能，所以也不会减少照片的表现力。在渐渐习惯了使用相机之后，也可以把程序自动模式加到经常使用的摄影模式当中。

　　除此以外，程序自动模式中还有一个叫作程序偏移的功能。它是在照片的亮度保持不变的情况下，可以把光圈和快门速度的"组合"更换（变动）成"其他组合"的一种功能。在程序自动模式的设定当中，当我们忽然想使用光圈和快门速度的效果时，这个功能就有效了。操作起来也可能比较适合水平稍高的高级摄影者，不过一旦开始用顺手了，摄影者就会变得不想放手了，它就是这样一个功能。

[程序偏移的活用方法]

　　程序偏移也就是一边设定程序自动模式，一边并用光圈优先和快门速度优先的特征的一个功能。从一开始就想将光圈的数值和快门速度的数值固定下来拍摄的时候，使用上述摄影模式是最好的。比如说，在利用程序自动模式的过程中，又想利用背景模糊和快门速度的效果的时候，利用程序偏移就能让您比较顺利地拍摄。利用程序自动模式的真正的魅力简直可以说就是在于使用这个程序偏移上。让我们务必要记住这个用法，尝试利用它对各种各样的被拍摄物进行拍摄练习。

光圈	快门速度
F16	1/30 秒
F11	1/60 秒
F8	1/125 秒
F5.6	1/250 秒
F4	1/500 秒
F2.8	1/1000 秒

　　在某些场面下得到光圈 F8、快门速度 1/125 秒这样的数值的时候，组合的模式就会像这样发生变化。使用程序偏移的话，这个"组合"就可以简单选择了。

★ 程序偏移的操作方法

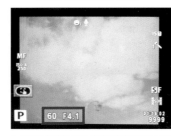

　　奥林巴斯 PEN E-P3 的情况下，将模式转盘设置为程序自动模式，半按快门键的话，光圈和快门速度的值就会定下来。

　　然后就保持这样，只转动主拨轮或者辅助拨轮就行了。其他的光圈和快门速度的组合就可以简单选择了。摄影模式也可以从 P 到 Ps（程序偏移）切换显示。其他的相机的操作方法也都是大同小异。

★ 程序模式 F8 1/125秒

　　这是使用程序模式，很自然地抓拍的花絮。明亮度也拍得正好。

◆ 使用程序偏移 F2.9 1/1000秒

　　当想把背景模糊来拍摄的时候，就那样程序偏移，把光圈数值变小来拍摄。这样操作就能够比较直观地进行了。

（5）全手动模式的特征

手动模式通常用 M 来表示。

　　使用手动模式的话，实际上拍摄时的明亮度的水平就会作为参考值，在液晶屏中显示出来。使用佳能 EOS Kiss X5 的时候，这个刻度越向右边走，就意味着拍出的照片越显明亮。

　　在其他摄影模式下摄影，当无法满足自己想要的明亮度摄影的时候，手动模式是比较有效的。在这幅图中，照片拍得稍稍发暗，光线照射的部分拍得十分撩拨人心。摄影数据：手动模式 F5.6 1/640 秒 ISO200 白平衡：自动 相当于 40mm

自己来决定光圈和快门速度

　　能够自己决定光圈和快门速度来进行拍摄就是手动模式的特征了。在模式转盘上是用"M"来表示的。其他摄影模式都是在"照片亮度合适"的前提下，相机自动决定光圈和快门速度的。与此不同，手动模式自然是没有这样的前提的。也就是说，不只是光圈和快门速度，照片的亮度本身也是需要自己来判断的。

　　当我们在应用过程中想有效活用各种亮度的时候，当我们在影棚摄影等环境中一边自己调整闪光灯的光量一边来摄影的时候，或者是，当明暗的亮度差较大，其他摄影模式下难以拍出自己想要的亮度的时候等等，都可以活用手动模式。当然，如果还没有熟悉相机的操作的话，这个模式是不太适合平时经常使用的。不过也可以这么说，如果您能很好地理解我要在 P128 以后将要详细解说的"能拍摄照片的构造"，相对就能够快乐地享用这个摄影模式了。

★ 用程序自动模式来摄影　　　　　　　★ 用手动模式来摄影

　　保持原来的亮度拍出的照片。也不能说是一张特别不好的照片。摄影数据：程序自动模式 F4.5 1/100 秒 ISO400 白平衡：自动 相当于 100mm

　　依靠"自己的判断"，相对严密地决定出光圈和快门速度、明亮度。在这张照片里，对于白色的被拍摄物，照片更演绎出了一种明亮的氛围。摄影数据：手动模式 F4 1/5 秒 ISO400 白平衡：自动 相当于 100mm

一点小建议　　　　　　　 **[曝光和正确曝光的意思]**

　　在进行照片拍摄时，频繁使用的一个词语就是曝光。所谓曝光，指的是往相机里吸收光线，往存储器（参照 P66）上记录图像的行为。有时或者直接指的是"明亮本身"。"曝光不合"的情况，也就意味着"照片的明亮度没有很好达到自己预想的效果"。另外，和曝光相关的另外一个常用的词语叫作正确曝光。顾名思义，它表示的是"摄影者判断为正确的曝光值"。成其为基准的是眼睛实际看到的情景的亮度。在跟自己眼睛看到的印象一致的曝光下拍出的照片叫作"用正确曝光拍成的照片"。相机通常是把最大限度地用正确曝光拍出被拍摄物当作目标，努力"恰当地"计算出光圈和快门速度。

《 《 《 Chapter 1

7

方便的 ISO 感光度

> **一点小建议** **[ISO 感光度的自动功能]**
>
> ISO 感光度的设定项目当中有一个自动。利用这个自动档的话，相机就会根据拍摄现场的明亮度和场面，自动改变 ISO 感光度的设定。因为它是一个非常方便的功能，所以通常情况下，利用这个功能也是一个好办法。

由于 ISO 感光度是一个利用频率较高的功能，所以在任何一个数码相机上它的设置都会比较突出，比如设立了一个独立的按键啦、可以在菜单当中很容易地设定啦等等。

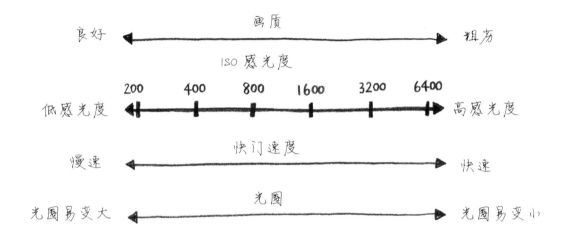

像这样，ISO感光度变化的话，不仅快门速度，对光圈的数值也会带来影响。

从根本上支持照片拍摄的功能

　　所谓 ISO 感光度就是把相机当中的感光元件（传感器）感觉光线的敏感程度数据化的东西。感光度越高（数值越大），就越容易在光量较小的条件下拍出明快的照片。相反，感光度越低（数值越小），就越需要大量的光线，以期拍摄出足够明亮的照片。

　　如果单看这一点，我们可能就会觉得 ISO 感光度越高，毫无疑问我们也就越赚了。但是，ISO 感光度越高，成像质量也就容易越粗糙、越差。所以我们不要轻易把感光度设得太高，要根据需要改变设定值。顺便说一下，通常我们使用的 ISO 感光度在 200 到 400 之间的居多。如果 ISO 感光度在 1600 以上的话，成像的粗糙就开始一点点明显起来了。

　　所谓 ISO 感光度越高，就越容易在光量较小的条件下拍出明快的照片是什么意思呢？这也就是说，感光度越高，也就越容易利用高速的快门速度。所以，比如说在没有三脚架、光线又暗的地方进行摄影的时候，或者想捕捉拍摄活动的物体的时候，高感光度就能充分发挥作用了。

★ 用ISO100来摄影　摄影数据：快门速度优先模式 F4 5秒 +2档曝光补偿 ISO100 白平衡：自动 25mm 使用三脚架

★ 用ISO1600来摄影　摄影数据：快门速度优先模式 F3.5 1/13秒 +1又1/3档曝光补偿 ISO1600 白平衡：自动 相当于27mm

　　感光度越高，图像的粗劣就越明显。低感光度下虽然画质会好，但是快门速度会慢，必须用三脚架才行。当然，也要加上这一点：最近的数码相机性能有所提高，与以往相比，即使是高感光度条件下，出现画质劣化的几率也会远比以前低得多。

让我们事先了解一下测光方式

这是佳能 EOS Kiss X5 的变换测光方式的菜单画面。根据厂家不同，测光方式的名称也各自不同，所以这一点我们要注意。只是，也仅仅是名称不同而已，内容都大同小异。

★用平均测光方式来摄影

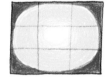

平均测光方式的效果

在通常情况下利用这个方式，根据不同需要选择切换到其他测光方式也是比较理想的。分割画面内部，参考各个部分，计算出合适的明亮度。在各个厂家的测光方式中，它都是精度最高的测光方式。

相机内部测量光量

话说到这里，我们了解到在相机内部，光圈和快门速度是以用标准曝光拍照为基准来决定的。换个说法的话，也就是说，照相机用光圈和快门速度的数值来表示出："如果我们想把拍摄对象拍成自己亲眼看到的那种效果的话，需要这么多的光线"。这个"光线的总量"在摄影时是经常测定的。也就是说相机经常在测定需要多少光线量，我们把这个叫作测光。并且，相机上有几种不同的测光方法，这个就叫作测光方式。

测光方式根据"在画面的什么位置测光"主要分为三个种类。有从画面的一部分进行测光的点测光方式，有从画面的中央部分进行重点测光的中央重点测光方式，还有将画面分割成几个部分，计算出平均光亮度的平均（多分割）测光方式。

这些测光方式是根据拍摄对象和场景进行选择的。不过通常情况下，以整个画面为测光对象的平均测光方式会比较好用，建议多用。

★ 用点测光方式来摄影

点测光方式的效果

很多情况下，点测光都是只将画面的中央部分作为测光对象；不过也有一些相机是和对焦的对焦区域联动的。如果搞错测光位置的话，也有可能会计算出不同的曝光，故而也是一种比较适合于高水平的摄影者的一种测光方式。

★ 用中央重点测光方式来摄影

中央重点测光方式的效果

顾名思义，离中央越远，测光的感光度越弱。这是一种适合将主要被拍摄物放在中央来拍摄的摄影方式。有时也受周边光量的影响，测光中的误差也比点测光要小。

≪ ≪ ≪ **Chapter 1**

9

关于摄影时的图像尺寸的问题

这是奥林巴斯 PEN E-P3 改变画质的界面。L 和 M 表示照片的尺寸、F 和 N 代表压缩率。像这样可以成对进行选择的机种很多。

★图像尺寸的变化

上面按照大小不同，简单易懂地列出了用奥林巴斯 PEN E-P3 的各个不同图像尺寸拍摄出的照片。尺寸越大，可以冲印的尺寸也就越大。

选择合适的图像尺寸

在这章的最后，我们来看一下摄影时的图像尺寸问题。通常在摄影的时候，照片的尺寸可以在大 L(Large)、中 M(Middle)、小 S(Small) 等几个选项中进行选择。尺寸越大，能够洗印出来的洗印尺寸也就会越大。例如，以佳能 EOS Kiss X5 为例，大到 L 当中的 A2，小到 S 当中的 A4，这些尺寸都是可以洗印的。

与这个图像尺寸相关，还有一个叫作压缩率的概念。所谓压缩率，指的是把相片的文件尺寸压缩的比率。压缩率越高，文件尺寸就变得越小，画面质量就会下降，照片的鲜明度就会一点点丧失。这个功能是用 FINE 和 NORMAL 英语单词来表示的，此外，也有用图像来表示的。

例如，如果照片只是要在网页上浏览一下的话，图像尺寸小一点、压缩率高一点也没有什么问题。相反相机可以拍的张数增加了，拍摄也会变得容易。一边脑子里琢磨着要如何处理所拍摄的照片，一边来设定图像尺寸是一件很重要的事情。但这并不是说在任何情况下，拍摄照片只要强调高清画质就没问题的。

◇压缩率的变化◇

★降低压缩率来摄影

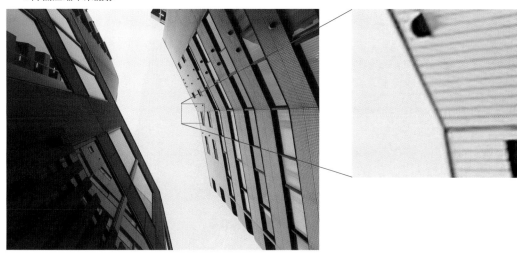

★提高压缩率来摄影

用奥林巴斯 PEN E-P3 拍摄的照片。这样一看，两张照片看不出有什么大的差别，不过要是放大来看的话，就能看出压缩率低的照片显得纹理细致。但是，反过来说，如果不放大到这种程度的话，那点差异就不成问题。就是这样，即使是高压缩条件下摄影，也可以拍出高质量照片来。

一点小建议　　**[关于 JPEG 和 RAW]**

通常情况下，在改变画像尺寸和压缩率的项目中，可以选择 RAW 格式。

通常情况下，照片是用 JPEG（jyeipeku）的格式来保存的。作为平时使用的一种格式这样保存是没什么问题的，不过还有一种叫作 RAW（读作 roo）的保存方式。这是指"成为照片之前的原始数据"。将这些数据在电脑上用附属软件和通用软件，使其"播放"成为照片。用 RAW 数据保存下来照片的魅力在于播放时，它可以根据自己的喜好来改变颜色和明亮度、色调等。最近，在相机内部进行播放处理的机种也增加了，变得更容易操作了。顺便说一下，也可以同时用 RAW 和 JPEG 两种格式存储影像。

Camera life style 01

如果发现了您中意的相机，
也请您精心选择相机吊带。
颜色、素材、设计等等……
选择的标准由您自己来做主！

《《《 第二章

享受摄影的快乐
之前需要了解的
6件事

　　照相机里面内置有很多影响最终照片效果的功能。此外，不只是这些功能，只要注意拍摄现场的不同环境特点用心拍摄，照片的内容也会大有不同。这里我只讲6个项目。只要事先了解了它们，您的照片就会变得更加生动有趣。

《 《 《 Chapter **2** 1

享受曝光补偿带来的精彩

这是曝光补偿键的标志。这个标志任何机种都是通用的。用按键就可以进行操作了。

曝光补偿是一个利用频率很高的功能，有通过刻度来调整的相机（右边照片）和通过数字来调整的相机（左边照片）两种。两种相机操作起来都非常简单。

负向曝光补偿　　　　　　　　　　　　　　　　　正向曝光补偿

-2　　　-1　　　0　　　+1　　　+2

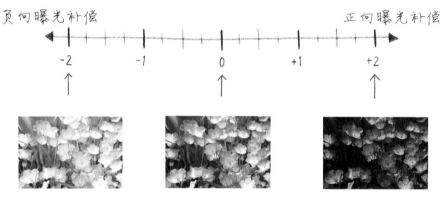

曝光程度不同，照片的明亮度就会发生像这样的变化。另外，曝光补偿当中，进行正数补偿的我们叫作"正向补偿"，进行负数补偿的我们叫作"负向补偿"。

可以阶段性地改变亮度

在 P28 当中，我们已经讲过，使用手动模式可以拍摄出各种亮度的照片。但是，能够比较"有系统性地、相对又比较简单"地改变亮度的功能正是曝光补偿功能。通过 P(Av)、S(Tv) 和一部分自动模式，就能够使用。

通常情况下，曝光补偿用刻度和数字来表示，往正数方向移动时，照片就会变得发亮；往负数方向移动时，照片就会变得发暗。此外，不进行曝光补偿的 +0 的状态表示的是标准的曝光。

曝光补偿度可以用 1/2 或者 1/3 的刻度为变化单位，以 +3~5 为变化范围。另外，有的时候曝光补偿是用 "EV" 值来表示其单位的。例如，所谓 +2EV 指的是向正方向进行两段补偿，使照片颜色变亮了的意思。

有一点希望您注意的是，曝光补偿越向明亮的方向补偿，快门速度就会倾向于越来越慢，光圈数值就会倾向于越来越小（P131）。所以，在进行正数补偿的时候，我们有必要注意手和拍摄对象都不要抖动。

用正向5/3曝光补偿来摄影，如果是在明亮
的场所倒没有什么问题，可是如果是在光量少的
地方进行正向补偿的话，就要注意手抖现象了。
还有，一般我们把照片拍得明亮的状态叫作"曝
光过度"，把相片拍得发暗的状态叫作"曝光不
足"。也就是说这个照片相当于"曝光过度"的
照片了。

　　摄影数据：光圈优先模式　F5.6　1/1250 秒
5/3 档曝光补偿　ISO200　白平衡：自动　相当于
270mm

白平衡的效果

这是奥林巴斯 E-P3 的改变色温的界面。色温是以 K（开耳芬）为单位，数值越高，黄色就越会增强。由于我们本来的目的是"恢复正常的颜色"，所以要注意不要和色温本身的变化出现相反的作用。

这是佳能 EOS Kiss X5 的界面。一般的机种都是像这样，能够进行 A、B、G、M 四色补偿。通过和白平衡功能一起使用，能够尝试深色调。

使用佳能 EOS Kiss×5 时，仅仅选择十字键上的 WB(白平衡)，就可以轻松改变白平衡。选项通常是带图的文字，一般情况下，我们推荐的是可以根据场景自动决定色温的 AWB（自动白平衡）。

在相同色温的情况下，设定不同的白平衡来摄影的话，颜色就会出现这样的变化。让我们确认一下自己的相机会拍出怎样的白平衡效果吧。

★灯泡模式

★阴天模式

★自动白平衡(AWB)模式

颜色可以轻松改变

白平衡是可以轻松改变照片颜色的一种功能。它根据天气和光源条件的不同，设置了不同的选项。例如，在阴天的日子里，如果将白平衡定到阴天模式的话，照片上红色和黄色的色调就会增加，阴天时的灰色调就会减弱。也就是说，白平衡会给我们创造出一种接近"阴天的日子里天空现晴时"的那种色调。相反，如果在晴天的日子里，使用白平衡的阴天模式的话，就会出现比起自动白平衡（AWB）模式，红色和黄色更加强烈的照片效果，亦别有情趣。

白平衡的设定模式就是根据拍摄场的光线情况事先准备好最合适的颜色，方便选择的一种功能。光线可以作为"颜色温度"，将其数值化来表示。单位是 K（开耳芬）。温度越高，颜色越会发蓝；温度越低，颜色越会发红。数码相机上，也有可以改变颜色温度数值的功能。有的机种上就有可以改变 A(红棕色)、B（蓝色）、G（绿色）、M（洋红）这四种颜色的强弱的白平衡校正功能。如果想更执着于某种颜色的时候，一起使用这些功能也是一个英明的决策。

直接改变色温的数值，将其设定为 7500K。索性正向补偿成了黄色效果。继续进行正向补偿，将白天鹅描绘成剪影一样的效果。像这样，白平衡和曝光补偿具有能大大改变作品印象的力量。顺便提示一下，晴天时的色温的数值大约是 5300K。让我们将这个作为参考值来适当调整色温吧。

摄影数据：程序自动模式 F5.6 1/1000 秒 −1 档曝光补偿 ISO200 白平衡：自动 相当于 100mm

3

活用色调校正

在佳能 EOS Kiss X5 相机中，像这样，可以对各种色调校正项目进行详细的细微调整。

这是奥林巴斯 PEN E-P3 的液晶画面。色调校正功能称为"图片模式"和"完成效果"。带有根据场景做成最合适的色调的"i-Finish"等栏目。

用色调校正可以调整的主要内容

◇反差的调整◇

★反差较低

★反差较高

所谓反差，简单地说，就是指从白色到黑色的明暗的差。这个差越大，反差就越高。而且，反差越高，照片颜色就越会变得鲜艳锐利、变得生硬；反差越低，照片色彩就越会变得暗淡无光、变得柔和。

根据不同场面来区分使用

与曝光补偿和白平衡同样，对拍出的照片带来很大影响的还有一个功能叫作色调校正。具体来说，就是能够调整对比度、清晰度和饱和度等色彩的程度。这个功能也和白平衡一样，根据摄影人自己想拍摄出的效果和拍摄对象，分成了标准、生动和肖像等几个选项。而且，这几个选项也都能继续进行稍微调整。顺便再说一句，单色的设定通常也可以从这个色调校正中进行（参照 P80）。

色调校正说来有点类似于胶卷相机中的胶卷。不同的胶卷也是在颜色的生成和色调方面各有不同，根据拍摄对象和拍摄场面选择合适的来用。同样，数码相机也是可以根据想表达的主体来选择合适的色调校正。

另外，这个功能在各个相机厂家的叫法也是不一样的。例如，佳能把它叫作"照片风格"，尼康叫作"图像控制"等等。但只要是数码单反相机，每个厂家的机器上都会有这个功能。

◇锐度的调整◇

★锐度强

★锐度弱

我们把照片的"鲜锐度"叫作锐度。锐度越强，做出的照片效果就会给人比较锐利、比较生硬的印象。我们有必要注意不要让锐度过强。如果过强的话，图像就会变成"嘎巴嘎巴的感觉"。

◇饱和度的调整◇

★饱和度较强

★饱和度较弱

所谓饱和度指的是色彩的鲜艳度。饱和度越强，鲜艳度就越强；饱和度越弱，鲜艳度就没了，最终就会变成黑白照。

一点小建议　　[最大限度活用自动功能]

除了摄影模式以外，ISO 感光度和白平衡、色调校正也都带有自动功能。它们能根据各种场景和被拍摄物的不同，帮我们自动选出合适的效果。我们在 P16 中也说过，这些功能没有必要从一开始就要自己用手动将所有项目都仔细选择、进行利用。自动功能非常优秀。不要认为它没有个性，我们要把它当作一个重要的选择之一，正确理解它的特征，率先尝试活用它。自动功能也是一个为了顺利进行拍摄不可缺少的功能。

光线的不可思议

（1）有意识地感知光线：
顺光与侧逆光

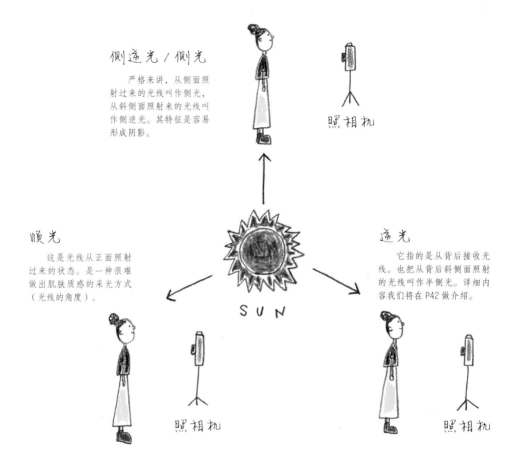

侧逆光／侧光

严格来讲，从侧面照射过来的光线叫作侧光，从斜侧面照射来的光线叫作侧逆光。其特征是容易形成阴影。

照相机

顺光

这是光线从正面照射过来的状态。是一种很难做出肌肤质感的采光方式（光线的角度）。

逆光

它指的是从背后接收光线。也把从背后斜侧面照射的光线叫作半侧光。详细内容我们将在P42做介绍。

SUN

照相机

照相机

照片因为光线而改变

光线的种类和光线照射的角度不同，拍出的照片就会大大不同。光线对于拍摄照片，可以说是最重要的要素。有意识地感知光线，如果从拍摄之前就能想象出"这个光线从这个角度接收的话，就会拍出这样的照片"，那就最好不过了。

一般我们利用频率较高的光源是自然光。不妨我们找个晴天尝试一下，在野外一边注意光线的角度一边来摄影试试。光线的角度不同，势必会给我们的照片带来各种不同的乐趣。

光线的角度主要有顺光、侧逆光（侧光）、逆光三种。所谓顺光，就是面对拍摄对象，从正面射过来的光线。这种光线条件下拍摄的景物，其特征是对比鲜明，容易形成反差、层次明显、色调清晰。在拍摄人物的时候，由于阳光直接照到脸上，皮肤就会显得发白、发虚。表情也会因为阳光而容易显得刺目，这一点需要注意。侧逆光指的是从侧后面射过来的光线。其较大的特征是容易根据被拍摄物的凹凸形成阴影，能够比较立体地拍摄出拍摄对象。

用侧逆光摄影，由于是从斜面接收光线，根据凹凸情况会清楚地出现浓厚的阴影。它会做出给人强烈印象的效果。

摄影数据：程序自动模式 F4 1/2500 秒 +1 档曝光补偿 ISO250 白平衡：自动 相当于 50mm

用侧光拍摄。严格来讲，使用树荫、从右侧射进来的自然光来拍摄，树荫也容易表现出人的肌肤感，是一个值得推荐的摄影技巧。

摄影数据：光圈优先模式 F2.8 1/400 秒 +5/3 档曝光补偿 ISO400 白平衡：自动 相当于 100mm

（2）逆光的特征与活用方法

◇使用逆光光线摄影和曝光补偿◇

★无曝光补偿

★正向1档补偿

★正向2档补偿

利用逆光进行的摄影，如果不进行曝光补偿的话，被拍摄物无论如何都会被拍得发暗。补偿的程度要根据被拍摄物和背景的明暗度来判断。

逆光，不管怎样，先用正向补偿

　　从被摄体的背面照射过来的光线叫作逆光。一般我们容易认为逆光是一种"比较难的光源"。因为逆光时背后比较明亮，如果直接就那么拍照的话，拍摄对象的正面就会变成阴影，拍成的照片就会发暗。

　　但是，这个问题用曝光补偿就可以轻松解决。也就是说，进行正向补偿，"使眼前的拍摄对象不要发暗"就可以了。而且，由于逆光时太阳光不是直接照射到拍摄对象的正面，所以，就能很漂亮地拍出拍摄对象的质感。拍摄人物时，能够很细腻地表现出肌肤的质感。

　　只是我们应该注意的是，并不是说无论什么样的逆光光线只要使用正向补偿功能，就能拍出漂亮的照片的。比如，在室内以窗边为背景拍摄人物的时候，如果窗边光线和室内的明暗差过大的时候，无论怎么使用正向补偿功能，也是难以拍好拍摄对象的。

　　我们推崇的是野外日头高的时间带里的"舒缓的逆光光线"。这时，通过有效利用正向补偿，就能拍出一种柔和的氛围。能准确地捕捉到理想的逆光光线，是十分重要的。

背对窗户，利用逆光。实际上，这是利用穿过厚底的白色窗帘的光线来拍摄的。这样能把强烈的逆光光线照得柔和。

摄影数据：程序自动模式 F3.5 1/160 秒 +2 档曝光补偿 ISO200 白平衡：自动 相当于 50mm

（3）天气不同，照片成像
效果不同

活用天气特征

在野外进行摄影的时候，应该有很多人都会认为在晴天里要比在阴天里更能拍出好照片。实际上也未必就是那样。例如，阴天里摄影时，就不用去考虑光线啦、阴影啦这个那个什么的，摄影本身就变得简单多了。

阴天时最大的特征，就是可以利用因为多云而扩散出来的柔和的光源。在拍摄人物的时候，人物的肌肤也会拍得很美。只是，反差会变低，色调中也会有灰色加重，拍摄效果也容易单调。所以，我们要根据拍摄需要，用白平衡和色调校正来适当调整。

晴天时，反差会变高，可以拍摄出颜色鲜艳的照片。如前面所述，如果选择的光线方向不同，照片的表现幅度就会更加宽广，更加丰富多彩。

摄影中最难的应该是下雨天时的拍摄。因为光线很少，快门速度也会变慢等等。需要充分注意手不要抖动。但是，下雨天的时候，也能拍出拍摄对象只有在下雨天才会有的别样风情。摄影这东西，并不是只有在好天气里才能拍出好的照片的。各种不同的天气里，我们都能期待它各具独特魅力的拍摄效果。

★晴天时拍摄的照片

生动锐利的照片效果是其魅力。颜色也能表现得很鲜艳。

★阴天时拍摄的照片

最大的特征是能利用柔和的光线。缺点是颜色容易趋向单调。

★下雨天时拍摄的效果

虽然不是那么鲜艳，但是漏水的叶子等具有的独特光泽感的效果，就可以尽情享受了。

　　照片最容易拍摄的天气是比较明亮的阴天的日子。这是因为晴天时，要注意太阳的位置和角度；而阴天的时候，就不必费心注意这些了。阴天的时候，既可以使用柔和的光线、明亮的氛围，享受轻松摄影，如果活用正向曝光补偿的话，也能演绎出蓬松的质感。
　　摄影数据：快门速度优先模式 F5.6 1/500 秒 +1 档曝光补偿 IS0800 白平衡：荧光灯 相当于 42mm

重视构图
（1）决定出照片中的主角与配角

◇尝试把相同的被拍摄物改变取景方式来看效果◇

本画面是组合了以甜点为首的几个素材。作为拍摄整体图像来说是挺好的，可是想突出的拍摄主体是什么却让人看不明白。

比如说，这样从上往下俯瞰的话，就会注意到拍摄物形状的趣味了。

切掉周围的素材，将焦点对准蛋糕卷。这边的照片看起来素材较少，容易看。

研究构图是怎么回事

　　和光线同样重要的是构图。所谓构图，简单来讲，就是在画面里布置各种物品时，要注意突出效果。画面里有没有拍上多余的东西，想拍的东西是不是能够充分强调出来等等，自己要好好琢磨着去拍。这点很重要，它直接关系到对追求照片个性特色的执着。虽然过于执着也会有点无趣，但能够反映出作者"意图"的正是构图。也就是说，考虑如何构图，也就是在考虑把自己隐藏到照片里的"意思"传达给对方。

　　首先，构图比较重要的是，要先想好主角和配角。特别是照片中各种要素充斥的情况下，如果把所有的要素都填充进去的话，照片想传达的是什么这一点反而就让人看不明白了。这时的第一步，要先决定出照片中最想给人看的被拍摄物，以此为中心，再来一个一个地布置其他配角，如此就能圆满流畅了。此时，利用光圈效果也是一个很好的选择。可以通过背景模糊，来缩小焦点所对应的范围，以此来相对突出主角。此外，一开始拍摄时，最好是尽可能地尝试竖拍和横拍两种方式。仅仅横竖变换，拍出的印象就会大有不同。

以"和蛋糕卷同样的视线高度"拍摄的照片。是一种捕捉的断面感觉很大、很有魄力的取景方法。

　　像这样，即使是从相同的角度拍摄相同的被拍摄物，纵拍的照片和横拍的照片效果也是不一样的。与两侧的空间难以处理的横向拍摄比，纵向拍摄的特征是画面比较容易组合。另外，由于人的眼睛是横着看的，所以，照片反而是纵向看起来具有崭新的新鲜感。只是，也希望您不要只因为这点理由而多用纵向位置。开始的时候，让我们两种方式都练习一下吧。

　　两幅照片同样的摄影数据：手动模式F6.3 1/25秒 ISO400 白平衡：自动 相当于100mm 使用三脚架

（2）活用线条构图法

★2分法构图

从画面中找出线条，将画面分割成两部分来利用。像这样分割，能将画面内部做得简单明了，也有很大的魅力。

★3分法构图

这是使画面悠缓的3分法构图。将喷水处设置在略偏向右的位置，就打破了画面的单调性。

★远近感构图

通过找到线的消失点，能够突出远近感。这是拍摄道路和大桥等的时候，可以利用的构图法。

★模式构图

这是一种强调模式化被拍摄物的某一部分来拍的构图法。有意重视的话，会出现很多出其不意的效果，很有意思。

让我们在画面内部寻找线条

　　构图中有几个不同的"模式"。其中，用起来最方便也最常见的是2分法构图和3分法构图。它是将画面横竖进行均等的分割，分割成两半或者分割成三部分，来组织构图的一种方法。2分法主要用于拍摄风景和捕捉拍摄等等。3分法构图可以活用于拍摄肖像等。

　　这种构图法的特征是容易制作出比较有安定感的画面。它能将画面内部整理有序，相对"简单清晰"地把想传达给对方的东西展示给对方。特别是3分法构图，因为它也能够很有效地给画面中留出余白，建议您积极使用这个方法。

　　不管怎么说，这种模式化的构图法的特征就在于其中很多东西都是活用了"线条"。我们可以尝试在画面中找到线条，活用这些线条进行摄影。如果能把道路的线条等巧妙地安排在对角线上，就会形成远近感分明的构图。如果能强调圆形的线条的话，就能给人柔和的印象，做出优美的曲线构图。总之我们若能重视构图的话，就像这样，照片的表现就会更加丰富多彩。

像这样，3分法构图对于活用空间来进行摄影也是有效的。当我们为背景和人物的布置而烦恼的时候，就来积极地使用这个构图方式吧。

摄影数据：手动模式 F4 1/2500 秒 ISO400 白平衡：自动 相当于 100mm

仅仅将线条倾斜一下，画面就会出现变化，照片就会富有动感。线条越是清晰，效果就会越好。

摄影数据：光圈优先模式 F4 1/6400 秒 +2 档曝光补偿 ISO400 白平衡：自动 相当于 100mm

«« «« «« **Chapter 2**

5

（3）调整与被拍摄物的远近距离
和相机角度

★低角度

它能够让腿部显得修长。使用广角镜头（参照
P56）的话，会比较有效果。

★高角度

它能够拍摄得比较突出面部表情。让拍摄对象或
蹲或坐着,摄影者从上面拍摄的做法是一个典型的例子。

让我们来尝试各种各样的景物的取景方法

如果使用变焦镜头（参照 P64）的话，即使自己不动，也能够将拍摄对象拍得很大、将眼前风景
拍得很宽。但是，摄影艺术的基本点就是要自己活动起来，从不同角度选取被拍摄物。这个动作十
分重要。

首先，在遇上想拍摄的东西时，要在现场拍摄照片的同时，调整自己与拍摄对象之间的距离，
或者是反复尝试从不同的角度来拍摄照片。仅仅改变一下距离和角度，也就会改变对拍摄对象的印象。
重要的是要养成一个自己有意识地思考的习惯："这真的是我想要的取景方法吗？"

顺便提及一下，相机的拍摄角度有高角度和低角度之分。从拍摄对象上面进行拍摄的叫作高角度，
从拍摄对象下面进行拍摄的叫作低角度。在拍摄人物等的时候，若选择高角度拍摄，就能将镜头着
重于拍摄对象的表情；若选择使用低镜头的话，就突出拍摄对象腿长脸小的视觉效果。

　　被拍摄物和摄影人之间的距离感是十分重要的。不要依赖于下面我们要解说的镜头的焦距，而是我们自己走动起来，来决定最佳摄影距离吧。一般我们会想把照片的主角拍得很大，但是也未必那就是最合适的做法。被拍摄物的存在感也依赖于它的画面构图方法。

　　（上）摄影数据：程序自动模式 F9 1/200 秒 +1 档曝光补偿 ISO400 白平衡：自动 相当于 50mm

　　（下）摄影数据：光圈优先模式 F2 1/1600 秒 +1 档曝光补偿 ISO400 白平衡：自动 相当于 500mm

了解镜头

（1）广角镜头与标准镜头的特征

◇焦距和能拍摄的范围的例子◇

★20mm（35mm 换算）

★50mm（35mm 换算）

★100mm（35mm 换算）

在这里，我们不仅注意要选取哪个范围来拍，还要注意"远近感"。越是广角，眼前的东西就越大，后方远处的东西就拍得越小。也就是说，广角镜头能够强调出远近感，而长焦镜头能够压缩远近感。

可以大大改变画面的镜头的作用

摄影中，镜头所起的作用是非常大的。像我们前面在 P4 中所讲的一样，数码单反相机的一个最大的魅力就是可以换用各种各样的镜头。从这一点我们也能轻易感受到镜头的作用之大。如果能很好地掌握有关镜头的知识，自然而然地也就应该能拍出好的照片。

从镜头焦距来看，镜头可以分成广角镜头、标准镜头和长焦镜头三种。所谓焦距，指的是拍摄到画面的范围（也叫作 视角），单位用 mm 来表示。数值越大，就越适合望远；数值越小，就越广角。

广角型的镜头能够拍摄的范围很宽广，这是其最大的特征。当我们想把自然界的风景和室内的场景拍摄得很广阔很宽敞的时候，这样的镜头就十分方便。焦距以 35mm 换算的话（参照下页），大约 35mm 以下就相当于广角镜头了。所谓标准镜头，就是能选取离人的视点最近的范围的镜头，多用于捕捉拍摄等。以 35mm 来换算的话，50mm 前后就相当于这样的镜头了。长焦镜头我们会在下一节中进行介绍。

★ 用17mm(35mm换算)来摄影

镜头越是广角，画面的上下左右就越倾向于变形。拍摄风景的时候，就能拍得气势磅礴；拍人物的时候，就能强调人物的跃动感。

摄影数据：手动模式 F22 0.4秒 +1档曝光补偿 ISO100 白平衡：自动 相当于17mm 使用三脚架

一点小建议　　[何为 35mm 换算？]

相机内部有一个接收被称为成像元件的光线的传感器。这个成像元件是有各种各样的尺寸的，实际上，镜头就是根据这个大小·来做成的。像我们在 P4 中所讲的一样，即使是同一个厂家的相机，机种不同，可以使用的镜头也就不同，说的就是这个意思。但是，另外还想提醒您注意的一点是焦距的意思。镜头的种类不同的话，尽管焦距显示的数值是相同的，但实际上所拍摄的范围是不一样的。将这些统一为比较浅显易懂的东西的就是 35mm 换算。这是以 35mm 胶片相机的镜头的焦距作为参考值来表示的。如果记住了以 35mm 换算拍摄的大体的范围的话，各种镜头的"实际拍摄的范围"就能够从其焦距来把握了。

★ 各自不同的镜头的焦距和35mm换算

35mm 换算的焦距（单位 mm）

成像元件的尺寸

	14	28	50	80
APS-C	9	17	31	50
微型三分之四系统的配置	7	14	25	40

*APS-C 是佳能 EOS Kiss X5 等初级入门机型正常配有的成像元件的配置。

*微型三分之四系统的配置是奥林巴斯 PEN E-P3 等配有的成像元件的配置。

*就像这样，跟 35mm 换算相比，APS-C 是 1.5-1.6 倍，而微型三分之四功能配置是 2 倍，二者有这样的差距。

> APS-C 尺寸的焦距 = 镜头焦距 X 1.5-1.6
> 微型三分之四系统配置的焦距 = 镜头焦距 X 2

了解镜头
（2）长焦镜头的特征与运用方法

★焦距与镜头的种类

镜头的种类	焦距
超广角	14－24mm
广角	24－35mm
标准	50mm 左右
中焦	70－135mm
长焦	135－300mm
超远摄	300mm 以上

以 35mm 来换算的表示。
没有一个严格的规定。请作为一个参数来参考。

★用广角镜头来拍摄

★用长焦镜头来拍摄

虽然拍出的被拍摄物大小接近，拍摄时的光圈值也相同，但是，像图片显示那样，使用广角镜头和长焦镜头所出现的背景模糊的效果是不一样的。让我们结合远近感的差异来理解吧。

并不只是能拍得大一些的问题

如前面所述，长焦镜头最大的特征就是能把狭长的范围拍得很大。当不能靠近拍摄对象要拍摄时，它也能将远处的拍摄对象拍得很大。焦距以 35mm 来换算的话，大约 70mm 以上的镜头就相当于长焦镜头了。

长焦镜头除前述之外，也还有其他独具魅力的特征，那就是"可以虚化背景"。实际上，长焦镜头的另一个特征就是焦距越长，背景的虚化就越有味道。也就是说，广角镜头 20mm 和长焦镜头 100mm 比较起来，即使光圈数值相同，拍出的照片背景虚化程度却不同。所以，长焦镜头在进行捕捉拍摄等的时候，是很常用的。因为它能在将背景虚化的同时，将人物表情拍得让人印象深刻。只不过，长焦镜头使用起来手容易抖动这一点是个难点。即便快门很快，引起手抖动的可能性也很高，所以需要充分注意。

反过来说，使用广角镜头背景难以虚化，对焦容易非常准确地对到背景。另外，广角镜头的另一个特征就是：即使快门速度慢一些，也不太容易引起照片发虚。

使用长焦镜头，并调小光圈数值来拍摄。比较动态的模糊效果得以充分发挥。长焦镜头并不只是拍摄远处的被拍摄物的一款镜头。镜头并不只是从其焦距来选择，一边琢磨着镜头"能描绘出的特征"来进行选择也是很重要的。

摄影数据：光圈优先模式 F5 1/80 秒 +2/3 档曝光补偿 ISO800 白平衡：自动 相当于 200mm

了解镜头

（3）变焦镜头与定焦镜头

★镜头的标记和形状的特征

定焦镜头

变焦镜头

对焦环　　　变焦环

这种类型的定焦镜头较薄，形状也比较时尚。因为其形状跟薄煎饼一模一样，所以也把这种形状的镜头叫作"煎饼镜头"。

在变焦镜头上，像这样，通常会配置有为了调整焦距的"变焦环"和用 MF 调整焦距时使用的"对焦环"。

M.ZUIKO DIGITAL 17mm F2.8

M.ZUIKO DIGITAL 14-42mm F3.5-5.6 Ⅱ

表示可以利用的焦距。所谓变焦镜头 14-42mm 指的是从广角 14mm 到中焦 42mm（以 35mm 换算从 28mm 到 84mm）都能对付的意思。

表示开放值（参照 P57）。镜头变焦的时候，这个开放值有时会根据焦距来变化。比如说，这个变焦镜头"F3.5-5.6"表示的是用 14mm 摄影的时候，光圈能开到 F3.5，用 42mm 摄影的时候，光圈能开到 F5.6。所以，焦距 42mm 的情况下，F3.5 的光圈数值是无法利用的。

变焦镜头与定焦镜头的特征

前面我们一起了解了一下焦距不同的镜头。但是，有这样一种镜头，只用它一个就可以多级变化焦距。这就是变焦镜头。例如，如果有一个包含了从广角到中焦镜头的标准变焦镜头的话，就能拍摄到更广阔的风景，也能将远处的拍摄对象选取得很大。由于这种镜头容易适用于各种场景，从这个意义上讲，建议把它作为您初用相机时的第一个选择。事实上，在购买数码单反相机之际，这种标准变焦镜头一般都会作为其配套元件。

与此相对，焦距完全不能改变的是定焦镜头。使用它只能用在特定的焦距摄影。

只看这一点的话，会觉得变焦镜头更方便实用。的确，能够自由变换焦距的变焦镜头确实是更方便一些。但是，逐个进行比较的话，定焦镜头所具有的优点更多。其中之一的优点便是其便于携带。特别是定焦中的广角镜头、标准镜头，有很多都是小型轻量的，安装在相机上也感觉不到重量，感觉很舒服。

使用微距镜头的话，可以像这个照片这样，无限接近被拍摄物。近拍也会使模糊效果很丰富。即使不用开大光圈，背景模糊的效果也十分值得期待。

摄影数据：光圈优先模式 F8 0.3 秒 +1 档曝光补偿 ISO400 白平衡：自动 相当于 100mm 使用三脚架

高性能的定焦镜头

另外，定焦镜头还有一个优点，那就是它的"背景虚化"十分给力。实际上，光圈数值的振幅是依赖于镜头的。镜头性能越高，可利用的光圈数值就越多。镜头标记中有一个"f：数字"，它表示的是该镜头所能利用的最小光圈数值。顺便说一下，这个光圈的最小数值我们把它叫作"开放值"。也就是说，定焦镜头在构造上有比变焦镜头开放值更小的倾向，因此，必然地也就更容易对景物进行模糊色彩丰富的描述。此外，这个开放值小的镜头叫作"明亮镜头"。也就是这么一回事：定焦镜头里面明亮的镜头比较多。

再有，带有可以无限接近拍摄对象功能的微距镜头，基本上也是定焦镜头。从这些意义上讲，能够根据自己想要表达的内容和拍摄对象，去区分使用各种定焦镜头才是比较理想的。何况，像我前面已经讲过的一样，摄影者自己来回移动着拍摄才是拍摄照片的基本道理。从不随便依赖于镜头这一点来说，定焦镜头更能体现出依靠摄影者自身的力量来选取拍摄对象这个摄影"原本该有的"姿态。

Camera life style　02

相机包包最好也来点时尚！
从单反相机到无反光镜单反相机，
根据相机的大小不同，
相机包包的种类也各自不同。
让我们根据自己的喜好来巧妙搭配吧。

《《《 第三章

使用相机功能中的各种场景模式来进行实际拍摄

学习了摄影的基础知识之后，终于盼到我们的拍摄实践了。这一部分我们把餐桌上的小玩意儿、小孩儿和户外景物分成三个不同的主题，来分别研究拍好它们的不同诀窍。利用我们列举的效果，一起来留下一张让我们满意的照片吧。

≪ ≪ ≪ Chapter 3
1

桌上小玩意儿篇

（1）想在流光溢彩的氛围中拍出
桌上小玩意儿

★利用上午的阳光是比较理想的

　　自然光越接近傍晚就越带红色。另外，要是拍进来直射光的话光线就会变得发硬。拍摄桌上静物的时候，使用非直射光的、柔和的、上午的光线是比较理想的。

　　我们把基本的摄影方式做出了下面的简图。把用作反光板的白纸贴到厚纸上的话就不容易倒了，用起来比较方便。市面上也有很多反光板出售。

窗

反光板

饭菜

相机

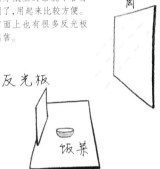

没有反光板　　　　　有反光板

★把白纸活用做反光板

　　利用侧光的时候，光线照射不到的侧面不可避免地会发暗。如果不喜欢这个暗色的时候，我们就竖起白纸，让它反射从窗外射进来的自然光线吧。通过这种做法，就会把整个照片拍出明亮的氛围。反射这个光线的东西就叫作"反光板"。

要确保有一个明亮的摄影场地

　　能在自己家中轻松快乐地享受拍照的乐趣，这应该是拍桌上小玩意儿的绝妙乐趣。饭菜或者小玩意儿、杂货、花儿等等，各种各样的小物件都可以拍摄。在明亮的氛围中拍摄这些小东西需要什么要素呢？首先我们来看看这一点。

point01 利用明亮的窗边拍摄十分重要

　　在自己家中拍摄照片的时候，无论是拍摄人物还是静物，利用窗边从外面射进来的自然光线是最好不过的。这时，不妨将室内的灯光也打开。在更加明亮的氛围中迎接拍摄。

point02 让我们尝试一下使用侧光来拍摄

　　在窗边拍摄，利用正侧面照过来的自然光线来拍摄是很容易拍好的。也就是说利用侧光拍摄。它能够帮助我们把从眼前到内部的场景都拍出比较均匀的明亮画面。

point03 利用正向曝光补偿

　　在明亮的氛围中摄影，正向曝光补偿是不可或缺的。特别是在拍摄白色的物体时，它是必需的。另外，对于白色的拍摄对象，相机容易自动将其随便判定为"过于明亮"，将其拍得比一般东西还要发暗。对于这个现象，也可以用正向曝光补偿来补足。

◆ 这张照片的拍摄方式 ◆

混合了来自右侧的自然光线和室内的荧光灯光线来拍摄。

左侧放上反光板，正向曝光补偿做出明亮的氛围。

打开光圈，焦距只对准主要的被拍摄物，其他的内容全部使其模糊。

在明亮的早晨的氛围下拍摄。柔和的自然光从右侧窗外越过窗帘照射进来。左侧放上起反光板作用的白纸。

摄影数据：光圈优先模式 F4 1/8秒 +2档曝光补偿 ISO200 白平衡：自动 相当于100mm 使用三脚架

（2）拍出桌上小玩意儿的宁静氛围

没有曝光补偿来摄影　　　−1档曝光补偿来摄影

★我们来看清楚朝向明亮方向的被拍摄物和朝向阴暗方向的被拍摄物拍出的感觉吧。

有些被拍摄物拍得暗一些反而更能表现得富有情感。让我们不要拘泥于要拍得明亮的想法，灵活进行各种各样的尝试吧。

★白色被拍摄物也可以用负向曝光补偿来表现出质感

如果拍摄得太明亮的话，白色的被拍摄物无论如何也会容易出现死白现象。但是，如果能用灰暗的色调来拍摄的话，其质感也能描绘得很好。

★利用色调校正来尝试加强反差

素雅、沉稳风格的描写由于添加了色调校正的效果，效果进一步加深。例如，用"风景""生动"等模式来加强设定反差和饱和度的话，更能演绎出力度。

将黑色质感凸显出来

在桌上小玩意儿当中，根据拍摄对象的不同，各自都有其合适的亮度和色调。并不是所有东西都适合拍成明亮、蓬松的感觉。下面我们来看一下适合拍出具有厚重感风格的拍摄对象的摄影方法。

point01 用负向曝光补偿来收紧颜色

比如说，黑色色调的贵金属类和怀旧情调的小物件等等，都适合拍成具有厚重感的感觉。此时可以活用的是负向曝光补偿。可以用相对紧致的颜色来拍摄。另外，跟拍摄白色物体一个道理，相机在拍摄黑色物体的时候，容易动辄把物体拍得过于明亮。这是因为相机自动将被拍摄物判断为"过黑"的结果。这种时候，负向曝光补偿也是很有效的，它能将颜色调整成正合适的亮度。

point02 不用反光板，清楚地显出阴影

如果在阴暗的格调下拍摄照片，还有一个不用反光板，故意突出阴影的做法。此外，用黑色纸取代白色纸来做反光板的话，拍出的照片相对更加黑得犀利、张弛有度，十分有趣。

这个照片的拍摄方法◆

进行负向曝光补偿，直到能表现出纸的质感。

利用色调校正来稍稍加强反差。

把里面的小物件放置在自然光能照到的位置，以免出现晦黑。

在黑色空间里，白色的被拍摄物像是浮起来一样。通过将一个或者一个以上明亮的被拍摄物要素收容进来，宁静祥和质感的照片得以成立。

摄影数据：光圈优先模式 F5 1/25 秒 −1/2 曝光补偿 ISO400 白平衡：自动 相当于100mm 使用三脚架

（3） 拍出甜品可爱的诱惑

★ 如果有三脚架的话，桌上的甜品和小物件的配置也就比较简单顺畅了

考虑如何取景，三脚架还是比较方便的小配件。有了它，摄影也能顺利进行。室内摄影快门速度会变慢，如果有三脚架的话，就不必担心手抖了。

★ 背景模糊可以用层次感来强调

简单地摆出右边的甜品来摄影。如果能够重视层次感的话，模糊感就能更加动态地发挥出它的效果。

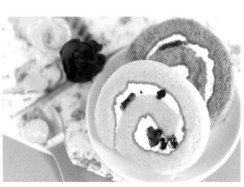

★焦点要对准甜点的断面等最想展现的部分

焦点要对准照片当中最想展现出来的部分。这个点心对准的是它的断面。通过大大地模糊其他地方，能够更加突出对焦的这一部分。

色彩鲜艳的小东西也很重要

小巧喜人的小甜点，我们会特别想把它拍成照片留下来。不要只为了单纯的记录下来，而是试着配合自己的喜好，来拍出感觉。

point01 小甜点以外的小东西，也要精心考虑

小甜点这种东西看上去是十分可爱的，可是要衬托出它的可爱，我们也要考虑除它以外的其他素材。具体来说，首先是下面铺垫的桌布和纸手帕、纸巾等等，我们建议这些东西也要选用绚丽多彩、颜色生动的。丝带和小花等，也是十分重要的小品，它们会成为画面当中最棒的亮点。

point02 增强背景模糊度来拍摄

开大光圈，增强背景的模糊度也是十分重要的一点。这样可以把甜点拍得看起来比较蓬松暄软。

point03 可以大胆尝试相机角度和场景的选取方法

不是要把拍摄对象拍成记录照片，而是要突出某种印象，这样的时候，考虑拍摄的角度和取景方法是很重要的。基本原则就是没有必要非要把拍摄对象整个儿拍进去。让我们自己精斟细酌，选出想放进照片里的个性要素来进行拍摄吧。

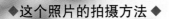

◆这个照片的拍摄方法 ◆

正面强调甜点的断面。

大大加强模糊度来突出蓬松感。

红色桌布、彩色纸巾、粉色的丝带,再加上一朵朵小花儿,

将各处的素材做出美丽的符号。

看起来很美味的拿破仑蛋糕。不展现甜点的整体,而是在右侧留出一定的空间,在画面中间演绎出动感。通过正面拍摄,也有意强调了力度。

摄影数据:光圈优先模式 F2.8 1/10 秒 +1又 2/3 档曝光补偿 ISO200 白平衡:自动 相当于100mm 使用三脚架

（4）拍出桌子上蓬松的花束儿

★近物拍摄时要注意对准焦距

所谓使用微距镜头能够把模糊的效果做得更强，指的是因为微距，相应的"对焦范围就会变小"。即使自己一度觉得已经对好了焦距，可是只因相机动了一点点，对好的焦距有时就会错位。另外，如果有三脚架的话，就能够固定画面，所以也就变得容易对焦了。

★让我们结合花儿的颜色，来考虑背景的颜色吧

这可以说是所有桌上小玩意儿都共通的问题。根据不同的颜色来设置背景，相同的被拍摄物效果也会大大不同。特别是拍摄花儿的时候，让我们在一边琢磨花儿的颜色的同时，一边来选择背景颜色吧。

拍摄花儿能学到摄影的基本知识

花儿是最容易拍的摄影对象。特别是作为桌上小玩意儿的花儿，光线的方向和拍摄的角度不同的话，就会出现变化多端的丰富"表情"。它是作为摄影练习题材的最合适的拍摄对象。

point 01 尝试微距镜头

拍摄花儿时，比较便利的是微距镜头。它的近拍功能很好，可以无限靠近拍摄对象来拍摄。这个镜头的一个很大的魅力在于它的背景模糊的效果。越是接近拍摄对象，这个模糊效果就越突出。如果想把花儿拍得十分朦胧的话，就可以用微距镜头尽量靠近被拍摄物，并将光圈设置到接近开放值，如此操作就能拍出蓬松生动的花儿了。

point 02 微距模式和正向曝光补偿也能收到预期效果

在没有微距镜头的情况下，使用相机的微距模式也是一个很好的选择。与使用光圈优先模式打开光圈同样，它也能自动增强背景模糊度。此外，如果用的是变焦镜头的话，让我们来尝试一下略用长焦的感觉，照片可以拍得更加朦胧丰盈。正向曝光补偿也是一个很重要的要素，可以结合花的颜色尝试着逐步进行补偿。

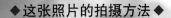

◆**这张照片的拍摄方法** ◆

使用长焦镜头的微距镜头，开大光圈，用大大的模糊效果来拍摄。

结合花瓣纤细的颜色，使用浅色做背景。

利用白平衡校正来稍稍加一点 B（蓝色）和 G（绿色）。

　　加大模糊效果的时候，对焦的范围要做到哪一步？考虑这一点也是比较重要的。这张照片是直逼眼前花儿的花蕊，一直到花瓣来对焦，这样来决定光圈数值的。

　　摄影数据：光圈优先模式 F4 1/8 秒 +1档曝光补偿 ISO200 白平衡：自动 相当于100mm 使用三脚架

（5）使用逆光把照片处理得充满梦幻色彩

★逆光适合用浅色的背景来拍摄

由于将背景拍得明亮的逆光光线也会演绎出清凉感，所以，以浅色为基础的背景颜色是很合适的。当我们为背景的颜色感觉苦恼的时候，首先就来尝试一下这个做法吧。

这是一个在逆光摄影中，使用了反光板的典型配置方法的例子。像这样，将反光板放在相机的前面近处。这是在室外拍摄人像照片等的时候也频繁使用的一种方法。

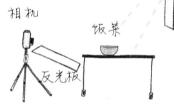

★使用逆光的时候，也要注意相机的角度

利用逆光拍摄的时候，如果过于从上往下看地来拍的话，太阳光线就会直接进入镜头内，有时候就会照出来被叫作"眩光"和"鬼影"的光线的乱反射。用稍稍往上看的角度来拍摄的话，就能拍得很漂亮。

活用逆光，描绘出照片的质感

如果把相机的正面对着窗，正好就是逆光摄影的效果了。虽然逆光是一种要比侧光还要难以处理的光源，但是就与在野外拍照一样，它能把背景拍得很亮，把拍摄对象的质感描绘得十分漂亮。您若已经习惯了使用侧光摄影的话，也尝试一下使用逆光，来拍摄一下餐桌上的小玩意儿。

point01 上午的逆光是最美的光源

逆光也和其他光源一样，太阳越偏，影子越大。从这个意义上讲，逆光还是利用光线柔和的上午时间比较理想。它能够很漂亮地衬托出拍摄对象的质感。

point02 利用正向曝光补偿，来补充出明净的空气感

因为是使用逆光摄影，所以当然就少不了正向曝光补偿。我们可以根据逆光的强弱来进行调整。进行正向曝光补偿的话，背景也可以拍得很亮。

point03 有明暗差的情况下，可以在被拍摄物前面放个反光板

在被拍摄物前面放个反光板的话，就会把容易变暗的拍摄对象拍得明亮。在被拍摄物和背景之间的明暗差较大的情况下，和不太想把背景拍得太亮的情况下等，也都可以活用反光板。

以从背后的窗户那里照射过来的逆光光线为背景进行拍摄。实际上杯子和其他被拍摄物都是很暗的，但是我们把反光板放在相机的前面，就会把它们拍摄得很明亮。

摄影数据：光圈优先模式 F2.8 1/20 秒 +5/3 档曝光补偿 ISO400 白平衡：自动 相当于100mm 使用三脚架

◆**这张照片的拍摄方法**◆

由于利用逆光光线，所以要进行正向曝光补偿来使主要被拍摄物照得明亮一些。

眼前放上反光板，将被拍摄物的亮度进一步补偿。

为了让明暗差不要太大，使用阴天时比较弱的逆光光线来拍摄。

（6）尝试注重平面的拍摄

★从正上方来构图

注意点心和小碟子，以及它下面的纸巾的拼合情况来拍摄。将被拍摄物放在正中央。背景的蓝色桌布和点心的颜色也成为重要的亮点。

★在墙壁上贴上自己喜欢的小东西，来拍照

在墙壁上贴上自己喜欢的小东西来拍照，也是十分有趣的。也可以贴到下面 POINT3 中所讲的临时桌板上，应该也不错。

★根据不同的取材方法，厨房里的小东西也会成为很好的拍摄对象

餐具之类也能成为很漂亮的桌上小玩意儿的题材。放在厨房里的东西，只需进行平面构图，就能成画。也可以活用空间，来尝试拍摄。

用素材本身来制作照片

能够将拍摄对象用俯瞰的形式表达出来的就是这种拍摄方法了。它是从正上方或者正侧面进行拍摄的方法。将桌上素材整个儿都放进去拍摄，也能够传达出它们在形状上的趣味性。

point01 让我们着眼于形状和颜色

所谓从一个平面来捕捉拍摄对象就是不利用纵深感对被拍摄物进行深度描述。让我们着眼于拍摄对象的形状和颜色来组织画面吧。在不同的地方放置不同形状、不同颜色的拍摄对象，是会带来各种不同的影像变化的。

point02 放入的拍摄对象不要太杂乱

由于这一类摄影中不使用背景模糊的功能，所以对每一个被拍摄物都是平等处置的。要素太过增多的话，很多情况下都会徒增画面的繁琐感。空间也是一个被拍摄物，也要有意识地活用整体空间来进行摄影。

point03 用带胶水的面板和包装纸制作的临时桌板是摄影的至宝

如果从正侧面拍摄的话，用包装纸和面板制作的临时桌板就十分方便。如果是桌子上的小东西，很小的面板就足够了，准备上这么几块就能够自由应对各种各样的场面了。

◆**这张照片的拍摄方法**◆

注意画面的水平垂直设置，减少要素，拍出简洁的画面。

将光圈尽可能地缩小，使眼前到背景都能对焦准确。

包括临时桌板，要考虑整体的颜色搭配来配置小东西。

将临时桌板当作背景来拍摄。容易符合
自己的审美也是它的一个魅力。这是一种用
小物品尝试摄影比较合适的方式。

摄影数据：光圈优先模式 F11 1/25 秒
+1 档曝光补偿 ISO400 白平衡：自动 相当于
100mm 使用三脚架

在数码相机普及的今天，已经没有多少人使用胶片相机了。但是，胶片是照片的原点。我们在这里分成3个步骤，来了解一下胶片相机。

这是哈苏相机 503CW。是一款能使用布朗尼胶片的中型相机。能裁剪出 6×6cm 的正方形是其魅力所在。

这是尼康相机 FM2。是一款用 35mm 胶片的数码单反相机。正如这个相机所代表的那样，这种相机具有很多复古感的、很有味道的设计。

最一般的 35mm 胶卷。一帧胶卷的面积为 24mm×36mm。

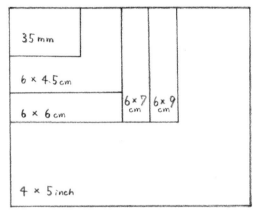

★ 不同尺寸的胶片

35mm 尺寸的胶卷和薄片式的胶卷每一张的尺寸是固定的，不过，布朗尼胶卷根据使用它的相机的不同，就会出现 6×4.5、6×6、6×7、6×9 等尺寸，每张胶片的尺寸会有所不同。

比 35mm 胶卷大一些的滚筒式的胶卷。又叫作布朗尼胶卷。中型相机可以用它。

4×5inch 的薄片式的胶卷。每拍摄一张照片就要换胶片来拍摄。大型相机能用。

让我们来了解一下有关胶片种类的知识

首先，胶片中有负片和正片。正片也被叫作反转片。

当然了，使用胶片是不能当场确认拍摄的影像的。只有请照相馆给"冲洗"后，才能在明亮的光线下看到所拍的影像。负片的影像因为是倒逆的，所以，必须洗印出来，才能对所拍的东西进行曝光正确与否的确认。与此相比，正片只要经过冲洗，就能作为"照片"对拍摄的影像进行确认。而负片包含确认影像这个意思在内，都需要在冲洗之后再加上一个洗印的工作。

另外，胶片在尺寸上也有区别。尺寸越大，就越能拍出质地细腻、高品质的照片。胶片相机的尺寸各种各样是因为相机自身原本就是根据不同的胶片尺寸来做成的。所以，一个胶片相机原则上是不能使用复数尺寸的胶片的。

★正片胶卷

正片胶卷冲洗时可以直接看到图像。通过从背面用灯箱等照明，来确认影像。当然，因为是胶卷，也能拉出来洗印。

★负片胶卷

负片胶卷冲洗后色彩为补色，明暗与被摄体是反着的。只有进行洗印成像后，方能作为相片来对待，也方能确认影像。

★用正片来拍摄

颜色的显像性较好，被拍摄物也能表现得很鲜艳。相反，由于曝光的宽容度狭窄，摄影时需要比较严密地判断亮度。如果判断失败，用冲印来调整是比较困难的。

★用负片来摄影

颜色的显像性虽然没有正片好，但是，曝光的宽容度较大，即使摄影时对亮度的设定稍稍错误一点，冲印的时候也可以挽回。从这个意义上讲，曝光宽容度也会变宽。这是它的一大特点。

一点小建议

[胶卷相机去哪里能买到？]

大型批发店也有销售，不过大部分都是一些过时的产品，在售的种类也不多。二手相机店里的相机种类比较丰富，价格也比较便宜。

何为曝光宽容度？

也叫作曝光的许容度。即使曝光变化、被拍摄物的亮度变化，摄影者也可以容许的范围叫作曝光宽容度。这个范围在正片的时候，号称 ±1/2 光圈程度的容许范围是较窄的，在负片时 ±2 又 1/2 光圈程度的容许范围就会变宽。

儿童篇

（1）拍摄在室外玩耍的小孩儿
　　　不要手抖

★尝试拍摄孩子的背影吧

　奔跑时的孩子的跃动感用背影也能表现出来。让我们使用广角镜头，将周围的风景也纳入镜头来拍摄吧。在平原等比较简单的场所更有效果。

★长焦镜头能够细致地描写出动作

　要想从稍稍远一点的地方，使用高速快门来仔细的摄影的话，利用长焦镜头也是一个好办法。背景也会模糊，动作也更能详尽地捕捉了。

★连拍功能也一起并用吧

　在 P13 中我们也说过，使用高速快门进行连拍的话，能捕捉住活动的瞬间是很让人兴奋的。让我们也来注意孩子的表情吧。

"捕捉"无法预测的动作

　在室外跑来跑去玩得热火朝天的孩子的可爱姿态，只要手里有相机，谁都会忍不住想去拍。这时，最大的注意事项就是拍摄被拍对象时，要保持相机不要抖动。

point 01 用 1/250 秒以上的速度来拍摄

　快门速度如果慢的话，成像容易虚化。我们可以用快门优先模式来确保 1/250 秒以上的速度。如果在那以下的话，跑来跑去的孩子可能就不容易拍实了。

point 02 活用连续自动跟踪对焦

　对焦也是一个十分重要的因素。选用单张自动对焦档的话很难对焦，不妨利用连续自动跟踪对焦（参照 P12）来试一下。

point 03 活用不太容易手抖的广角镜头的特征来摄影

　像 P54 中所说的一样，镜头越是广角，就越不容易出现虚化现象。此外，广角镜头能够大范围地收入拍摄对象，能够不错过来回跑动的孩子，随时捕捉镜头。一开始学摄影时从这个镜头尝试也不错。

玩捉迷藏游戏中，摄影者一边往
后跑一边拍摄照片。跟孩子一起玩着
来拍的话，照片也就会拍得充满乐趣。
摄影数据：快门速度优先模式
F5 1/500秒 ISO200 白平衡：自动 相
当于35mm

◆这张照片的拍摄方法◆

摄影者自己也往后跑着，来拍摄跑向自己的孩子。
镜头用稍稍广角的感觉，调高快门速度，来连拍。
从高角度来拍摄会拍出孩子的表情。

（2）尝试抓拍孩子自然的表情

★可以只抓拍部分情节也是长焦镜头的特征

能够对焦于拍摄要素来拍也是长焦镜头的一个特征。
比较能够强调孩子的印象，做出富有戏剧性的效果。

★简单的背景能提高被拍摄主体的表现力

以蔚蓝的天空为背景，做出比较有开放感的效
果。背景简单会更能突出强调被拍摄主体。

★小宝宝的照片从远处伺机拍摄也很出效果

完全没有防备的小宝宝虽然也可以从近处拍摄得很自然，
不过，利用长焦效果，可以拍出更加生动的表情。

故意放远距离来拍摄

如果要拍摄孩子自然的动作和表情，那么长焦镜
头就是一个好选择。用长焦镜头拍摄时，注意相机的
稳定。

point 01 **利用长焦镜头，活用背景模糊**

当相机对着孩子的时候，一开始时，孩子会下意识地觉得"要拍自己了"，就容易表情僵硬。
会拍成像"和平标志"一样的清一色的纪念照片。这种时候，用长焦镜头从远处进行取景，就容易
拍出相对自然的表情和画面。光圈如果也设定在 F4 以下的话，就会拍出背景的模糊味道，很容易将
焦点对准孩子的表情。

point 02 **要好好注意手抖现象**

似乎有点啰唆了，用长焦镜头拍摄时要注意别手抖。特别是在室内或光线较暗时用它，要注意
快门速度用高速。顺便说一下，容易引起手抖的快门速度的基准是"1/ 焦距以下"（35mm 换算）。
比如说，焦距是 100mm 的镜头的情况下，手容易抖动的快门速度是 1/100 秒以下。或许我们可以把
它作为一个标准记在心中。

在万里无云、晴空朗朗的日子里，在公园内一个有屋顶的亭内长凳上拍摄。使用的是P42中所介绍的逆光拍摄。长焦镜头的距离感会给风景带来一些色彩和空气感。

摄影数据：手动模式 F4 1/125 秒 ISO100
白平衡：自动 相当于100mm

◆上面照片的拍摄方法◆

用长焦镜头从远一点的地方拍摄，并有效活用背景模糊的效果。

在背阴处，避免太阳光直射到脸上，在柔和的光线下捕捉孩子的表情。

用手动模式，固定光圈，在不断调整改变快门速度的同时，调整出自己比较喜欢的比较明亮的氛围。

（3） 拍出孩子吃东西时小动作
的可爱

★也来拍拍碟子上的风景吧

不仅是孩子吃东西的样子，比如说，拍一拍碟子上的风景也是很有趣的。这张照片是从正上方俯视拍摄的。

在室内照明和高速快门下拍摄

在拍摄孩子的时候，吃东西的场面也是非常好的快门机会。只是，在室内拍摄时，比起外面的光线，光量较少，要根据不同场合，多动动脑筋。

point01 尽可能将光线弄得明亮一些

在室内摄影的时候，与拍摄桌面静物的时候一样，尽可能利用窗边等光线明亮的地方。最好打开荧光灯什么的。

point02 把 ISO 感光度设为自动

为了让快门速度也尽可能地不要变慢，将ISO 感光度设定得高一些。这个时候，ISO 也可以自动。由于 ISO 感光度配合室内的明亮度，会自动变化，快门速度也很难变慢，这样相对就能把精力集中到摄影上了。

point03 也要注意背景的处理

若是在自己家里摄影，有时候会不小心拍进去那种乱七八糟的背景。如果这个背景太过

★孩子吃东西时的动作好有趣

总之，拼命吃东西的孩子的动作是很可爱的。面对他们，按动快门的手指很难停下来。

杂乱的时候，不妨尝试着打开光圈，使背景模糊。其结果，就是也能拍出一种具有生动生活气息的照片。另外，还有一个原因，如果把墙壁弄成背景的话，照片就会有点儿煞风景。如果背景模糊的话，视线就会确确实实地转向孩子。

◆右边照片的拍摄方法◆

ISO 感光度调高，不要让快门速度变慢，在把背景一起收入画面的时候，使用背景模糊效果，将焦点只对准孩子。

和泡芙一顿格斗的结果，是嘴巴周围全是奶油。背景是单调的白色墙壁。
摄影数据：光圈优先模式 F2.8 1/100 秒 ISO1000 白平衡：自动 相当于 100mm

喝点牛奶来歇口气吧。稍稍有点收场的感觉，试着描写出了具有层次感的生活气息。
摄影数据：光圈优先模式 F2.5 1/100 秒 ISO1000 白平衡：自动 相当于 50mm

（4）用黑白或深棕色拍出
　　家庭老照片之感

★抱起孩子的动作要拍摄得温馨安详

　　抱起孩子的动作是亲子照片中最易成画的情景之一。让我们用心关注人物的表情来拍摄吧。

★用单调的背景来衬托主角

　　试着用黑白来拍摄孩子玩的样子，试着改变取景方法，又会拍摄出别有一番风味的照片。

★黑白照，更能表现出人的温情

　　黑白照因为会把照进来的颜色信息统一成黑白色，所以更容易将视线定格于"所拍摄的东西"。在这里，我们也活用了背景模糊效果。

让我们来品味一下独特的质感

　　用数码相机拍摄的话，很简单地就能调出黑色和深棕色调的照片。这样的照片与彩色照片不同，能够演绎出别有风味的情调，故而也容易获得新的效果。在我们为"拍的照片总是千篇一律"而困惑的时候，也是很有效的。

point01 黑白或深棕色照片的特征是能够感情丰富地强调出被拍摄物

　　首先是拍摄黑白照片的设定方法。通常情况下，在 P38 中提到过的色调校正中，设有这样的选项。另外，拍摄时用 RAW 的话，也可以同时留下黑白照片和彩色照片两种。黑白色照片由于颜色信息较少，所以能够将被拍摄物拍得印象比较深刻，情感比较丰富。从这个意思上讲，用它来拍摄家庭和孩子的照片也是正适合的。

point02 自己尝试着进一步细致地改变黑白照片的风格

　　黑白照片在色调校正的功能当中，可以细致地改变照片风格。例如，既可以提高它的反差，加强张弛感，也可以进行相反的调整，降低反差，做成柔和的色调。另外，深棕色调等的照片也大多可以用这个调整进行设定。

没有比家庭中的景象更美的风景了。
正是日常生活中的一个场景，才会有留在
照片中的感动。
　摄影数据：程序自动模式 F5.6 1/60
秒 ISO800 白平衡：晴天 相当于32mm

◆上面照片的拍摄方法◆

用深褐色色调演绎出一种温馨、怀旧的情怀。

使用从右侧窗外照射进来的较弱的自然光线，使产

生阴影，拍出具有立体感的效果。

拍出人物高兴地凑到一起的神情、姿态。

（5）小宝宝要在温暖的氛围中拍摄

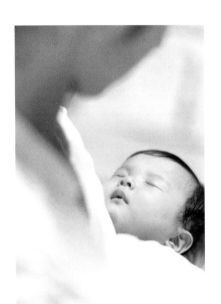

★小宝宝不能转来转去

小宝宝的行动范围当然是有限的。选择构图时，要有意识地注意不要拍成"和平时一样的平淡无趣的照片"。

★利用大幅度的背景模糊来做出戏剧性效果

如果拍摄小宝宝的睡脸，从妈妈身后来拍摄怀抱里入睡的孩子的表情也是不错的选择。通过加大眼前的模糊度，画面就能变得立体，就能拍摄得比较有戏剧色彩。

★手和脚也来照一张吧

小宝宝的小手和小脚胖乎乎的，也十分可爱。不只是孩子的表情，也来选取身体的一部分拍拍看吧。

表现出小宝宝皮肤的质感

小宝宝是这个世界上，最平和宁静的被拍摄物。孩子转眼间就会长大，我们务必要把孩子幼小时的精彩瞬间留在照片上。

point 01 孩子的皮肤用白平衡和曝光补偿来表现

小宝宝的肌肤滑滑的、软软的。为了在照片上表现出这些特征，建议您首先把白平衡设置到"朦胧"或"闪光"状态。可以用略带黄色的光线照到孩子肌肤上，在温暖的气氛中进行摄影。这里，如果将 M（洋红）稍稍正向曝光补偿一点

的话，红色就会增强，肌肤的质感就能表现得更加漂亮。正向曝光补偿也是很重要的要素，它对演绎出透明感是不可或缺的。

point 02 利用朦胧的效果，拍出柔和蓬软的感觉

比如，在我们选取孩子酣睡的样子等等的时候，不妨缩小对焦的范围，多多活用朦胧的效果。焦点当然是要对准孩子的脸蛋了，周围可以用大大的朦胧感来营造出被温暖的空气包围着的、十分温情的质感。

小宝宝酣然入睡的样子会
治愈拍照人的烦躁的心绪。让
我们小心不要出声，悄悄地、
仔细地拍摄下来孩子的睡脸吧。

摄影数据：光圈优先模式
F2 1/80秒 ISO800 白平衡：阴
天模式 相当于85mm

◆这张照片的拍摄方法◆

背景里的毛绒玩具大大地模糊了，将焦距对准
小宝宝的表情。

用白平衡的阴天模式拍摄出暖暖的气息。

注意尽量不要让相机的电子音等发出声响。

（6）抓住日常生活中自然流露的表情

孩子的每一个动作和表情都是最好的按快门机会。让我们把孩子成长的过程当作摄影作品记录。

摄影数据：光圈优先模式 F2.8 1/60 秒 ISO1250 白平衡：自动 相当于 100mm

◆上面照片的拍摄方法◆

通过将右侧留出空间，来演绎动感。

让从窗口射进来的自然光进入人物眼睛。

ISO 感光度要设得高一点，别让快门速度变慢。

★人像摄影要注意光线

从正面照射来柔和的自然光。在自己家中，进行什么样的采光、布光才更能享受拍照的乐趣呢？让我们自己试着研究一下吧。

★用标准镜头

能将肉眼看到的实情如实拍摄出来的是标准镜头。它能把我们直感认为不错的东西如实拍摄出来，从这个意义上讲，它也是抓拍摄影的重要法宝。

★用长焦镜头来抓拍小孩子们相互嬉闹的动作

长焦镜头也能从较远的距离把孩子们相互之间玩闹的动作比较自然地收进照片中。

让我们把相机一直放在身边吧

不只是孩子的运动会或是外出旅行等特别的日子才去拍摄，日常生活中也隐藏着很多值得我们按下快门的精彩机会。特别是孩子们有些有趣的动作和表情，莫如说只有在不断重复的日常生活中，才能够发生或者发现。

让相机在我们的生活中大显身手

孩子们天真无邪的表情，也并不是说想拍就能拍到的。所以我们要把相机一直放在身边，做好随时可以轻松捕捉到日常生活中的精彩瞬间的准备。孩子们也就会逐渐习惯相机，也就容易获得他们比较自然的表情。

point02 感受不同光线的微妙

在室内拍摄照片的时候，从窗外照射进来的自然光线的角度和光源位置是非常重要的。家里的哪个地方最上相，哪个地方最难拍，如果能在脑子里有个大体印象的话，就容易拍摄出好的照片了。

point03 有意识地考虑拍摄角度

因为孩子个子矮，从高角度拍摄的照片比较多。让我们也有意识地调整视线的高度，积极尝试不同角度的拍摄吧。

专栏 02
用胶片拍拍看！
Part2

在 P72 里我们了解了一下胶片的种类。在这里，我们把焦点放在有关 ISO 感光度的特征上，来了解一下胶片。

★胶卷包装盒和胶卷上记载的信息

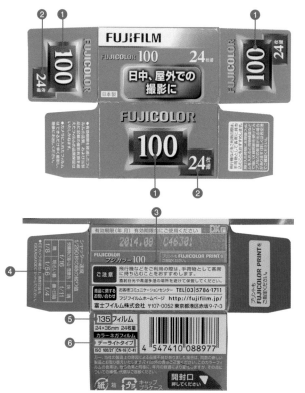

①ISO 感光度

胶片的 ISO 感光度，最显眼最大标记出来的数字就是它。厂家不同，也有些厂家没有做出来。一般的 ISO 感光度有 100、200、400、800、1600 几个种类。

②可拍摄的张数

一卷胶片可以拍摄的张数，有 36 张的、24 张的、12 张的等几个类型。

③装入相机时的注意事项

正如盒上记载的那样，在机场的时候，尽可能要把胶卷放在手提行李中，带到飞机内。检查时也不要让工作人员用 X 光来检查，拜托他们用目视检查，极力避开 X 光。最危险的是一般在柜台上寄存行李时的 X 光检查。如果受到 X 光的侵害，胶卷就会出现偏色现象，它将无法进行正常的显示。

④摄影环境的参考值

有时，胶卷盒上面记载着快门速度和光圈的参考值，可以参考这些数值来摄影。

⑤胶片的尺寸

35mm 的胶片一般都标记做"135"。顺便说一下，布朗尼尺寸的胶片都标记做"120"或者"220"。"220"可以拍摄"120"两倍的照片。

⑥胶片的类型

除了常用的日光型之外，也有利用白炽灯等进行摄影时使用的钨丝型。

胶片的基础知识和 ISO 感光度

胶片的包装和胶片自身上，都会记载着各种各样的信息。这其中，最需要注意的就是 ISO 感光度。使用胶片相机摄影的时候，胶片上带有 ISO 感光度的构造。如果是数码相机的话，摄影中随时可以自由改变 ISO 感光度。可是，如果是胶片相机的话，胶片一旦装入相机中，一直到拍摄完为止，都是同样的 ISO 感光度，中途是不能改变的。

ISO 感光度和增感显影

将 ISO100 的黑白胶片 +2 段增感显影冲印出来的照片。反差较高，整体呈现粗颗粒的效果。像这样，增感显像有时可以作为一种表现手法来使用。

★ ISO 感光度和增感的比例

拜托照相馆来增感显像的时候，需要明确告诉他们要进行多大程度的增感显影才行。像下图所画的一样，如果使用 ISO100 的胶片，相机是设定在 ISO400 来拍的话，+2 段的增感显影是必要的。在照相馆里，要告诉他们"请帮我做 +2 段增感显影吧"。

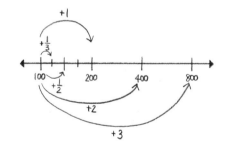

在胶片相机所用胶片感光度不变的情况下，可以冲卷时适当调整得到你要的效果。例如，即便相机里的胶片感光度为 ISO100，相机这边的 ISO 感光度设定为 ISO400 的话，也可以用适合它的快门速度和光圈数值进行摄影。但是，保持这样显像的话，拍出来的照片就会显得曝光不足。这是因为相机里的胶片一直都是 ISO100 的缘故。明明需要 ISO100 的光量，而实际上进入相机的只有 ISO400 的光量，所以就会照得比较暗（参照 P132）。

为了将照片拍出合适的、正确的明亮度，在这里需要做的就是胶片的增感显影了。拜托照相馆里的工作人员给我们增感显影的话，就能将胶片冲洗出和用了 ISO400 拍摄的照片同样亮度的照片了。

只是由于将 ISO100 的胶片勉强变成了 ISO400 的照片，所以画质会明显变得劣化。说得清楚一点，颗粒变粗糙了、颜色的显像性也降低了。所以，如果是"普通地"拍摄被拍摄物的话，尽可能使用自己想要的 ISO 感光度的胶片来进行拍摄是比较理想的。即使要使用增感显影，将增感的幅度减小也是比较重要的。

另一方面，摄影者有时候也会把上面的做法当作一种表现形式来使用。也就是想有意识地描绘出粗糙感的时候，特别是拍摄黑白照片的时候，这种增感的处理已经作为一种表现手法固定下来了。

室外篇

（1）拍出旅游胜地自然风光的雄伟效果！

★广角镜头也要注意远近感

用广角镜头拍摄的作品。利用广角镜头的远近感效果将近处的群山拍得很大，后方的瀑布拍得很小。如果这个拍摄是为了挑战瀑布和辽阔的大自然，那么不敢恭维它是一张出色的照片。

★即使不拍得那么宽广，也能传达出大自然的雄伟

使用远焦镜头，将上面的风景拍出来。这次就使瀑布在画面内充分表现出了自己的作用。虽说是辽阔宽广的自然风景，但也并不是只要拍得宽广就是一切了。

★放进容易意识到其大小的被拍摄物

比如说，像这样，将容易意识到其大小的被拍摄物放在眼前作为参考，对于深远处的风景就能传达出一种范围感和临场感。即使同是作为参照的一个风景，只要动动脑筋，就能选出几种不同的拍摄方法。

活用镜头效果来拍摄

拍摄雄伟的自然风景时，最重要的是如何选取那情那景。让我们认真考虑自己所用的镜头的种类和构图等，将眼前的感动完美表达到自己的照片当中吧。

point01 利用广角镜头的特征

使用广角镜头能将自然景色拍得宽广辽远、充满魄力。广角镜头能够拍摄得辽阔的同时，远近感也会得以强调（参照 P52）。也就是说，远处的被拍摄物会被拍得非常小，视点会变得模糊：搞不清楚摄影者最想突出的是什么了。所以要注意。

point02 找到画面中的线条，整理画面内容

风景是容易找出线条、适合用分割构图的被拍摄物。因为也可以对画面起到整理作用，所以让我们尝试着好好活用线条吧。

point03 远景比较容易对焦

例如，从山顶拍摄山峰的时候，即使不用特别刻意地调整光圈，从眼前到大后方，也会比较容易对焦。如果使用广角镜头的话，这个倾向就越发强了（参照 P54）。远景是一种不太需要在对焦上费工夫的被拍摄物。

映照入水面的天空和白云简直就
像在镜子里一样。大自然从来就不是
一成不变的一个表情，而是在时刻展
示给我们它不同的侧面。

摄影数据：程序自动模式 F8
1/800 秒 ISO400 白平衡：自动 相当
于 17mm

◆上面照片的拍摄方法◆

使用广角镜头使拍摄进来的范围很广，
将水平线的线条斜置，突出自然的雄伟。
利用 2 分法构图，使水面和地上像形成
对称那样来组合。
将光圈调至 F8 前后，在近距离上对焦，
拍出清晰的图像。

（2）拍出自己喜欢的樱花风采

★活用背景模糊来拍花瓣

　　拍摄花瓣的时候，通过将背景高度虚化，更能拍出作为主角的花瓣的美。模糊前面也很出效果。

★把樱花所在的那一处风景也拍摄进来吧

　　将樱花和周围的风景一起拍摄的话，会自成一幅画。这时，如果使用白平衡的背阴和阴天模式的话，就会拍出一种给人怀旧的乡愁感的风景。

用什么手法都无所谓，先来拍拍看吧

　　一般人都容易认为樱花是粉红色的，不过樱花的颜色基本上是接近白色的。它的"表情"根据光线的角度和天气的不同，会变化多端。樱花的另一个特征是可以拍摄的花期很短。让我们不要错过时间，用心认真拍摄吧。

point01 要注意正向曝光补偿不要过度

　　樱花如果正向曝光补偿过度的话，花瓣就容易出现死白。但是，如果不进行曝光补偿的话，就会对白色发生反应，有时就会拍得很暗（参照P60）。根据相应的情况，适当改变补偿值是很重要的。

point02 利用顺光以外的光源

　　在晴天时用顺光拍摄樱花的话，光线直接照射到花瓣上，就容易产生死白。拍摄樱花时，最好还是用侧逆光和逆光来拍。

point03 利用白平衡，来享受拍照的乐趣吧

★晴天时的天顶处的光线是最好的

　　所谓顶光，指的是在太阳的正上方倾注下来的光线，正好是中午前后的光源。这种光线的特征是被拍摄物很难出现阴影。樱花等也能够描写得很美。

　　樱花的花瓣通过调整白平衡，就能尽情体会其各种不同颜色带来的视觉享受了。给您推荐一种方法：使用白平衡校正，添加M（洋红）色，花瓣就会做出淡淡的粉红色。荧光灯模式也很有趣，通过添加上蓝色和红色，和正向曝光补偿组合起来，就能表现出梦幻般的樱花风景。

非常大胆地调整了颜色和亮度。将晴天时的樱花的风景做出了幻境一般的效果。

摄影数据：光圈优先模式 F4 1/1000 秒 +2 档曝光补偿 ISO100 白平衡：荧光灯 相当于100mm

◆这张照片的拍摄方法◆

用白平衡的荧光灯模式，同时添加上蓝色和红色。

正向曝光补偿来强调非现实感。

通过纵向拍摄和将近景大大模糊，做出很有气势的视觉效果。

3

（3）拍出波光粼粼的海面

★利用背阴模式和正向曝光补偿演绎黄昏时光

利用白平衡的背阴模式给照片加上黄色，然后再用 +3 档曝光补偿来摄影。拍出简直就像用了软焦点一样的效果。

★瞄准水花上扬的地方

从船上摄影。眼前出现了大大的水花。晴好的天气里，海面当然也就容易波光闪闪，再结合水花，拍出印象比较深刻的效果。

★利用长焦镜头，重叠波光粼粼的部分

只对准波光粼粼的海面，用远焦镜头来拍特写也是不错的。可以用长焦效果，重叠粼粼闪闪的波光。

用心探索波光闪闪的要点

想拍摄出大海波光闪闪的效果，寻找逆光进行拍摄是最好的。特别是美丽的傍晚时刻的逆光，是最好的角度。而想拍摄碧波荡漾的大海时，要利用白天的顺光。这时，能拍出和碧蓝的天空相映成趣的浓郁湛蓝的大海的照片。

point01 寻找闪闪发光的角度

为了拍摄闪光的大海，自己行动起来变换位置，从高角度到低角度，寻找最闪光的海面是很重要的。仅仅改变角度，能描写出来的海面的闪光情况应该就会大有不同。

point02 大胆使用曝光补偿

曝光补偿会更加加强闪闪发光的效果。也就是说，只要进行正向曝光补偿的话，就能拍出松软、柔和的感觉；进行负向补偿的话，就能拍出张弛有度的感觉，强调出海面的光辉。

point03 利用调整颜色来拍出特定的味道

白平衡也具有十分重要的作用。添加黄色的话，就能演绎出黄昏时的氛围；添加蓝色的话，就会增加清凉感。无论是哪一种，我们都可以期待拍出那种使用了逆光的具有透明感的效果。

接近傍晚的海边。强烈的逆光光线将海面映照得极富戏剧性。重要的是负向曝光补偿。反射光线的明亮的海面相对得以突出。

摄影数据：程序自动模式 F16 1/4000秒 −2 档曝光补偿 ISO400 白平衡：自动 相当于 17mm

◆ 这张照片的拍摄方法 ◆

利用 3 分法构图，考虑将海面的粼粼闪闪放在画面的哪个位置。

−2 档曝光补偿，做出比较有明暗差的画面。

角度稍稍低一点，利用广角镜头逆光来拍摄。

（4）拍摄红枫叶要突出光线

★白平衡用自动就可以

　　红叶纤细且鲜艳。如果调不好白平衡的话，反而会损坏红叶本身十分有特色的鲜艳度和颜色。只要不是有什么特别想法，用自动档就足够了。

★用负向曝光补偿来演绎出情调

　　用逆光透射过来的红叶，使用负向曝光补偿，就会拍出比较活的阴影效果。即使是同样的红叶，利用正向曝光补偿还是负向补偿的不同选择，拍出的效果也会大大不同。

★让我们将目光投向落下来的红叶吧

　　红叶，即使只是一片红叶，也会给这个风景增添风采。落在地面上的红叶或者落到其他地方的红叶，都会给出精彩的景色。让我们务必留意脚下的风景，用心摄影吧。

有意妙用光源，拍出更有情调的画面

　　红叶是"显得很美丽的"被拍摄物。只拍火红的叶子也很漂亮，拍摄全景也自然成画。

point01 尝试让光线透过红叶

　　在红叶的摄影中，我们务必要尝试连叶脉都能穿透一样的美丽的透射光线。具体来说就是要利用好逆光和侧逆光。在红色的画面中，用光线的强弱拍出浓淡效果，减轻颜色的单调感。

point02 曝光调成负向补偿的话，就能表现出一种雅致的氛围

　　使用逆光和侧逆光拍摄的时候，负向曝光补偿也很有效果。只有透射出来的叶子浮上来，呈现出幻想性的效果。

point03 靠近枫叶拍摄的时候，也要讲究背景的模糊效果

　　跟拍摄樱花的花瓣相同，在从上面拍摄红叶的时候，活用背景的模糊效果也会将一枚枚红叶拍得更具风采，让人印象深刻。毕竟，红叶本身就是鲜红的颜色，如果用色调校正过度添加颜色的话，有时，颜色就会出现饱和现象（叫作色饱和），反而会显出平淡无奇的红色效果，这点需要注意。

红叶，只因为它生动的颜色，仅仅改变一下光源，就会呈现给我们变化多端的色彩。

摄影数据：光圈优先模式 F2.8 1/320秒 +1档曝光补偿 ISO200 白平衡：自动 相当于100mm

◆上面照片的拍摄方法◆

通过使用逆光光线，进行正向曝光补偿，拍出蓬松的效果。

将背景大大模糊，让红叶一片一片显得特别突出。

使用长焦镜头，将被拍摄物的细节拍摄出来。

（5）把雪中的美景漂亮地
展现到照片中

★洁白的积雪和蔚蓝的
天空形成最好的反差

下雪后的晴空，反射到雪
上的光线流溢于大地，形成出
色的雪景。特别是蔚蓝的天空
和洁白的积雪的反差是非常美
丽的。

★正向曝光补偿使相片
接近正确的亮度

雪景是很难判断正确的亮
度的，特别是像这样的晴天里，
相当明亮。按照一般的方式来
拍的话，就会拍得很暗。这个
照片是用+2档左右的曝光补
偿来拍摄的。

★白雪中，有颜色的被
拍摄物特别醒目

晴天也好、阴天也好，降
雪的日子里，要有意识地拍进
有颜色的被拍摄物。特别是被
积雪埋着的有形物的样子什么
的，很可爱、很容易出效果。

拍摄雪景首先要注意明亮度

拍摄雪景和拍摄其他景色的做法大不相同。
而且，由于是一片雪白，不注意着去拍摄的话，
就容易出现单调、颜色乏味的效果。要想把雪
中的景色拍摄得像自己亲眼看到时那么让人感
动是需要几个技巧的。

point01 拍摄雪景的基本原则是正向曝光补偿

首先，由于雪是白色的被拍摄物，相机就
会自动判断为明亮，容易出现拍摄得过暗的倾
向。这一点在晴天光线明亮的时候和雪天的时
候是一样的。基本做法就是一边进行正向曝光
补偿，一边调整其明暗度。特别是雪景在太阳

光下会发生反射，会格外明亮。有时用+3档
左右的补偿会收到正好的效果。

point02 把重点放在有颜色的被拍摄物上

拍摄没出太阳的日子里的雪景，颜色会变
成灰色，画面构成会变得非常单调。但是，反
过来讲，这也是让有颜色的被拍摄物更加突出
显现的有利时机。红色的邮筒、广告牌、标牌
等等，在雪景中有意识地捕捉各种各样的有颜
色的被拍摄物，它们会在画面中别具一格、成
为亮点。

◆这张照片的拍摄方法◆

由于环境太过明亮，所以用手动模式自己调整出自己喜欢的亮度。

为了展现被拍摄物的形状，尝试各种各样的构图。

由于逆光光线下拍照天空会变得发白，所以要瞄准蓝天，用顺光光线来拍摄。

　　拍摄结霜的树木。蔚蓝的天空下，白色的树木拍得简直就像花儿一样。像这样，用形状展现出乐趣也是照片的魅力之一了。

　　摄影数据：手动模式 F4 1/100秒 ISO100 白平衡：自动 相当于100mm

（6）将随手拍的照片进行平面选景

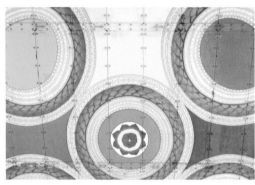

★有趣的图案和图画也是最好的被拍摄物

这是拍摄了隧道顶部的照片。像这样，街道上看到的彩色的图案和涂鸦等也会成为很好的被拍摄物。

★有意选用水平或垂直来拍摄

特写被拍摄物的形状和线条时，结合其造型，用心选用水平或垂直，就会得到比较安定的画面。

★想抓拍就尝试使用标准镜头吧

标准镜头接近人的眼睛的视角，可以拍摄风景（参照 P52）。它不受镜头的特性影响，能够将眼睛看到的客观地记录到照片上，从这个意义上讲，标准镜头最适合街头抓拍。

相机拿在手里，随时随地想拍就拍

拿着相机，偶遇美景，能够轻松拍摄就是随手拍的魅力所在了。随手拍照片如果有一个主题的话会很开心。例如，可以把目标放到道路两边、专门拍摄形状有趣的标牌和地下通道的进入口……正是因为拿着相机，就可以拍摄好多好多独特的情景了。

🌸 point 01 平面取景也很有趣

作为突出主题的一贯做法，我的建议是使用将风景进行平面取景这个方法。这是比较容易发现被拍摄物，也会成为有意识地构图的一个很好的练习。

🌸 point 02 摄影中程序自动模式最适合的

比较具有代表性的那种随手拍是街头巷尾的抓拍，利用程序自动模式拍摄是很方便的。把最适合的光圈和快门速度用自动来设定，我们的注意力就能集中到拍摄眼前的景物上了。

🌸 point 03 也来尝试一下改变色相和色调

平面照片很难摆脱画面构成单调的缺陷，让我们尝试用白平衡来调整色相、用色调校正来演绎出柔和的氛围吧。

扫晴娘挂在屋檐上，给照片整体上加上一点青色，做出带一点清凉氛围的效果。这是一个正是因为手里有相机，才发现并抓拍下来的被拍摄物。

摄影数据：程序自动模式 F5.6 1/200 秒 ISO400 白平衡：自动 相当于 50mm

这张照片的拍摄方法 ◀

将扫晴娘配置到照片的左上角，给颜色较少、比较平面感觉的画面添加了一点变化。

白平衡校正添加了点 B（蓝色）和 G（绿色）。

用标准镜头尽可能地将看到的东西忠实地拍摄下来。

（7）将游乐园拍摄得像梦境一样

★将背景也考虑在内来取景图片

　　游乐场有各种各样的特别节目，背景的处理比想象中要困难。一般来说以简单的天空等做背景是比较理想的。

★透明感也很适合游乐玩具

　　关于白色的游乐玩具，在白平衡的灯泡模式上加上G（绿色），再进一步进行正向曝光补偿，就会做出具有透明感的效果，十分有意思。反差如果也调得小一点的话，效果就会大增。

★要充分利用现场的光源

　　将白平衡设置为荧光灯模式，索性大幅度进行正向曝光补偿。利用傍晚的逆光光线的结果是拍出了被称为晕光的光影，使照片整体获得了柔和的色调。

改变颜色和亮度，来玩玩看

　　游乐园的玩具有很多都是很可爱的、非常上像的被拍摄物。仅仅改变颜色和亮度，就能让风格焕然一新，拍出值得玩味的效果。

point01 注意构图和空间

　　没有必要把游乐玩具整体都拍进去。选取一部分来拍说不定能拍出有趣的照片。有意留出空间、将画面倾斜等等，都可以尝试，让我们一边玩一边拍吧。

point02 大胆地改变白平衡和曝光补偿

　　游乐玩具童话色彩风格的比较多，即使大胆地改变颜色和亮度，也没有什么太大的不自然感。建议您采用一边进行极端的正向曝光补偿，一边将白平衡调整到灯泡和荧光灯模式的方法。在明亮的气氛中，表现出非现实的虚幻感。

point03 反差设定得弱一点，饱和度设定得高一点

　　这一连串的描写要把反差调得弱一点，得到柔和的感觉是最好的。如果将饱和度调高的话，生动的颜色在画面当中也会成为一个亮点。

只要构图方法对路，无论拍什么都可以
成为作品。这张照片是留出右侧空间，达到
了具有开放感的效果。

摄影数据：程序自动模式 F8 1/200 秒
+1 档曝光补偿 ISO100 白平衡：自动 相当
于 400mm

在游乐园里经常会遇到各种各样的平时
不大容易见到的被拍摄物。用逆光透射过来，
显得很漂亮，咔嚓来一张吧。

摄影数据：程序自动模式 F4.5 1/80 秒
+1 档曝光补偿 ISO800 白平衡：自动 相当
于 34mm

◆这两张照片的拍摄方法◆

每张照片都是使用了较弱的逆光光
线，利用正向白平衡校正来提升蓬
松感。

根据自己现场的感觉，自由选景构图
照片。

（8）将小猫小狗拍得充满情趣

★将焦点对准跑过来的小狗

使用连续自动跟踪对焦，同时选择连拍功能，就能抓住跃动感十足的小狗的动作（参照 P13）。利用快门速度优先模式，确保高速的快门速度也是比较重要的。

★熟睡的小猫拍起来也很给力

如果只把目光锁定到熟睡的小猫的表情上，那就会拍成单纯的记录照。像这张照片这样，纵向做出空间来拍，或者利用广角镜头尽量凑近猫脸，将背景大幅摄入等等。让我们用自己的方式多花点心思来拍吧。

捕捉宠物丰富的表情

小狗和小猫接下来要做什么，是很难预想的。并不是说我们想拍它们的时候，它们就会乖乖地听话面向我们。随时注意它们的动向，当发现"啊，机会来了！"的时候，我们需要一种冷静的姿态，能让我们沉着地按下快门。

point01 拍摄活动的被拍摄物时，要使用连续自动跟踪对焦

就像我前面说过多次那样，活动的被拍摄物用连续自动跟踪对焦是比较有效的，特别是从对面朝着我们跑过来的小狗之类。也可以说，不用连续自动跟踪对焦是拍不好的。

point02 将焦点对准动物的瞳孔

相机的角度不同，动物的表情就会截然不同。站在高角度或者站在相同高度的视点上来摄影的话，就能突出拍摄面部的表情。焦点要对准瞳孔。拍小狗尤其要注意，因为经常容易不小心对准小狗的鼻子。

point03 对路旁的小猫我们要瞅准它睡觉的姿态

小猫一旦活动起来，是很难拍摄的。但是如果它们是睡着的话，就能安心拍摄了。最初的阶段，让我们先挑战幸福地安睡的小猫玉照吧。

有光的反射照进瞳孔里，动物表情就会显
得更加丰富。这个就叫作CatchLight。瞄准合
适的位置，把光线用得漂亮也是很重要的。

摄影数据：光圈优先模式 F4 1/500秒
ISO400 白平衡：自动 相当于100mm

◆这张照片的拍摄方法◆

使用长焦镜头将背景大大地模糊，将焦点
对准狗狗的表情。

瞳孔中照进反射的光线。

从狗狗的视线高度来拍，所以会表现出比
较近的距离感。

（9）把动物园的动物拍出戏剧性

★从低角度拍出动人心弦的感染力

把小鹿登上树桩的瞬间抓拍下来。选择背景是绿色的地方，从下面拍摄，形成很有力度的印象。利用正向曝光补偿，也会拍出明亮的印象。

★改变小鹿站立的位置，拍出别样的情趣

镜头从拍摄上面照片的地方，稍稍转向右侧里面，由于背景不甚漂亮，所以靠近鹿群，抓住它们的面部表情来拍。倾斜画面，也演绎出了动感。

不要拍成没有情趣的记录照片

拍摄动物园里的动物，很多情况下，会拍成只是单纯的"拍摄下来而已"的那种感觉的记录照片。其中一个原因，是动物走远了，在离栏杆很远的地方的缘故。

point01 动物园里要活用长焦镜头

如果是长焦镜头的话，远处的动物也能拍摄得很大，不会受距离影响。另外一个好处，在进行摄影的时候眼前的栅栏多会阻碍视线，利用长焦可以将栅栏大幅虚化，使其看起来不太明显。这个时候，镜头就要努力靠近栅栏来拍摄。从某个意义上讲，长焦镜头算是动物园摄影的必备工具了。

★用远焦效果来捕捉小鹿的视线

进一步用长焦镜头，放大一头小鹿，看着它的视线来拍。像这样，即使是相同的场面，改变拍摄角度和站立的位置，以及试不同的镜头，就可能会有几个不同的拍摄方法。

point02 头脑中要有构图意识

比如说，可以尝试在画面中留出空间，或者仅仅将水平线倾斜等方法，就可以消除单调的感觉。考虑把动物的脸放在画面当中的哪个位置也是很重要的。

point03 改变角度和站立的位置

和小猫小狗的摄影同样，拍摄动物园的动物时，相机的角度也是同样重要的。即使只将视线对准动物们，也会很有临场感。另外，虽说动物们是在栅栏中的，但是也不要限定它们的位置，尝试从各种各样的角度来捕捉被拍摄物的姿态是很重要的。

这是到了傍晚，昏昏欲睡的动物们。
从右前方照射过来的侧逆光将栅栏中点缀
得特别富有情趣。
　摄影数据：光圈优先模式 F5.6 1/200
秒 ISO1600 白平衡：自动 相当于82mm

◆上面照片的拍摄方法◆

考虑水平垂直的构图方法，在右侧留出空间，使画
面形成动感。

在动物园里，将 ISO 感光度设为自动。即便在较暗
的地方，用自动来变更成高感光度，也比较方便。

瞄准小动物的表情，多拍几张照片，然后从中选出
一张自己满意的。

（10）把傍晚拍出味道

★用广角镜头拍摄天空
的流云

　　红霞满天的傍晚的天空美
得扣人心弦。通过使用广角镜
头，能表现出流动的云朵和辽阔
的天空。结合眼前被拍摄物的背
影轮廓，就得到了一副强劲有力
的作品。

★夕阳落山之后的空中的层
次感也很漂亮

　　太阳落山之后，通常，天空的
红色会变浓。太阳落山了并不是摄
影的终点，瞅准机会把火红的天空
的风景也拍下来吧。特别是在海边，
天空映照在海面上，非常漂亮。

让我们努力刻画出黄昏时的美丽

　　拍摄傍晚的天空，如何处理富有戏剧性的、强烈的光线是个重点。不仅是色彩，亮度的变化也会给图像效果带来很大的变化。

point01 背阴模式能够强调出傍晚的天空

　　能把夕阳和晚霞满天的天空拍得比较突出的是白平衡的背阴模式。它能够相对强调出黄色和红色。利用场景模式中的"夕阳"（参照 P17）也是一个办法。

point02 拍摄夕阳晚景要注意太阳的位置

　　让我们拍摄晚景的时候也来注意构图吧。特别是将太阳放在画面的哪个地方，是会给影像带来相当大的变化的。

point03 拍出剪影效果

　　拍摄夕阳是强烈的逆光。如果原封不动地那么拍的话，眼前就会出现黑坏。在 P42 中，为了将眼前的被拍摄物拍摄得明亮，我们进行了正向曝光补偿。在这里，眼前保持光线昏暗来拍摄。毋宁说，1/3 左右的负向曝光补偿是正好的。被拍摄物变成轮廓，在画面正中成为视线亮点。空中的层次也能描绘得很漂亮。

夕阳的颜色根据太阳落山的位置和天气、
季节等的不同，也会有很大的变化。让我们自
己也尝试着将黄昏拍成夸张的画面吧。

摄影数据：光圈优先模式 F5 1/4000 秒
-1 档曝光补偿 ISO200 白平衡：背阴模式 相
当于 100mm

◆ 这张照片的拍摄方法 ◆

将水平线稍稍往上方提高，增加海面反光水面的比
例，增强厚重感的效果。

利用白平衡的背阴模式，提高一点黄色感。

将人物和景物拍成剪影，有意做出比较具有感情的
效果。

（11）拍摄夜景要稳扎稳打，
注意不要手抖

★用路灯的明亮来演绎出温暖感

　　如果是完全日暮之后，活用好强烈的人工光线也是一个办法。比如说，像白炽灯泡这样的路灯，它富有特色的黄色会给我们演绎出一种厚重感。

★拍摄彩灯的话，让近景模糊，拍出具有层次感的夜景的街头

　　使用 MF 档，手动调整焦距，对准后面的被拍摄物。由于光圈开口大、景深小，这时，或者靠近彩灯来拍，或者使用远焦镜头开大光圈等等，会很容易演绎出近景、远景的模糊效果。

★利用白平衡，加上一点蓝色的感觉，就能拍出清凉的夜景照片

　　蓝色风格十分适合拍摄夜景。也可以使用白平衡的灯泡和荧光灯模式等方法。或者让我们直接改变色温，来探索自己喜欢的颜色吧。

让我们了解夜景摄影的基本原则

　　拍摄夜景建议您选择太阳刚刚落山，尚还明亮的时间段，这样能将人工的光线和天空的光线一起拍进来。

point01 夜景在日落后 30 分钟内拍摄最漂亮

　　夜一深，天空就会变得漆黑一片。但是，如果是日落没多久的话，也可以活用具有淡淡光亮的天空的颜色和云霞的颜色来享受拍摄夜景的快乐。这时，进行正向曝光补偿，就会得到具有透明感的效果。

point02 合理利用三脚架

　　在夜景拍摄中，由于快门速度会变慢，所以必须使用三脚架。最近的数码单反相机大多比较轻巧，三脚架也用小型、紧凑的就足以应付了。不使用三脚架拍摄的时候，要将 ISO 感光度调高，尽可能地使快门速度变快。如果是白炽灯等相对较强光源下面的话，很多时候用手持摄影就可以对付了。但是，使用三脚架来拍是比较理想的。

point03 彩灯要将其模糊

　　彩灯如果模糊的话，就会拍出蓬松的光球。在夜景拍摄中，也可以把这个作为一个窍门来使用。

◆ **这张照片的拍摄方法** ◆

日落后的 20 分钟之内拍摄。

正向曝光补偿，利用比实际情况亮很多的氛围。

将画面稍稍倾斜，有意用 3 分法构图。

刚刚日落后拍摄的照片。天空的层次很美，连月亮看起来都很漂亮。夜景映射到水面，水面上依稀可见蓝色的天空。

摄影数据：程序自动模式 F4 3.2秒 +2 档曝光补偿 IS0100 白平衡：自动 相当于 23mm 使用三脚架

Camera life style 03

镜头盖容易丢失，如果有盖子包的话，
就无须担心了。
皮带把手能够将相机扎扎实实地握住，
方便操作。

《《《 第四章

将拍摄的照片做出
自己想要的效果

使用数码相机拍摄照片的魅力之一在于拍摄之后可以进行各种各样的后期加工。也就是说，可以在更深层次上，给照片塑形。在这里，我们将会介绍 Photoshop Elements 等一些代表性的编辑功能，和一些通用性很高的功能。

≪ ≪ ≪ **Chapter 4**

1

关于摄影后的各种编辑功能

◇用奥林巴斯 PEN E-P3 相机拍摄的照片图像的编辑◇

也可以编辑来自 JPEG 格式的图像。选择图像播放中的"OK 键"——可以选择用"JPEG 编辑"来裁剪图像等。

★编辑前　　　　　　　　　　★编辑后

像上面这样，摄影之后，可以好好琢磨着来设定艺术滤镜是非常方便的。

如果是用 RAW 格式拍摄的照片，摄影之后可以设定艺术滤镜。首先，在设定了自己喜欢的艺术滤镜之后，再播放出自己想编辑的照片。

保持图像播放的状态来按 OK 键，选择"RAW编辑"。这样，已经选定的艺术滤镜就可以在这里使用，并作为 JPEG 图像保存起来了。

摄影之后加强照片表现的编辑功能

　　用数码相机拍摄照片的魅力之一就是在摄影后可以根据自己的喜好轻松进行编辑工作。具体来说，从色相和亮度、色调校正，到图像的修整和合成，编辑照片的工作内容复杂多样。我们通常把这个工作叫作润色。

　　此外，这个编辑工作主要包括三种方法。首先，第一个方法是使用由 Photoshop 代表的受到广泛使用的软件。其次是使用购买相机时包在一起的纯正软件。最后，是使用相机内的图像编辑功能这个方法。关于相机内的编辑工

作，虽然并不是所有机种都能够使用，但是，由于前述两个其他的方法都是需要借助电脑才能进行，相对于这一点来说，它可以比较轻松地使用，这正是其魅力所在。建议您用自己的相机确认一下，看看编辑工作能做到什么程度。

　　进一步讲，如果以图像编辑为前提进行拍摄的话，使用 RAW（P31）格式记录摄影也是一个选择。比起由 JPEG 格式的图像进行的编辑，它在色相和亮度等方面可以从更加广泛的范围内进行调整，表现幅度会确确实实地得以拓宽。

◇使用尼康 D5100 相机的照片图像的编辑◇

使用 D5100 相机，RAW 图像也可以在相机内进行比较广泛的编辑工作。先选择图像播放中的"OK 键"——再进入"RAW 播放"。

跟摄影时同样，白平衡和色调等在这里也可以进行选择。

★编辑前

★编辑后

也可以期待做出像这样的气氛完全不同的效果。可以在相机内进行这样的编辑工作的相机正在不断增加。

◇使用纯正软件进行的图像编辑◇

索尼 Image Data Converter SR

这个软件可以将用索尼数码相机拍摄的 RAW 图像，进行播放处理。另外，这些纯正软件虽然功能有限，但是包括用其他相机拍摄的东西，它们也可以进行 JPEG 图像的编辑。

佳能 Digital Photo Professional

这个软件可以将用佳能数码相机拍摄的 RAW 图像，进行播放处理。可以详细调整亮度和颜色等项目。

一点小建议 **[我们不要有这种"照得不好没关系，在后面再加工就好了"的想法]**

像我们前面描述的那样，数码图像基本上是什么样的照片都可以加工处理。也就是说，即使是没有拍好的照片，也可以朝着自己想要的方向去修复。比如说，相片即便是拍得暗一些，通过后面的操作，也可以将它简单地调整亮度。但是，虽说如此，我们也不能藐视摄影本身。原因是，在摄影时好好留下优质的相片（正确获取光线的信息），才能在真正意义上，开始进行理想的图像编辑。这就跟准备好好的材料才能做一顿好吃的饭菜是一个道理。就是从这些意义上讲，摄影时也不要偷工减料，努力保持认真追求自我风格的姿态很重要。

≪ ≪ ≪ Chapter 4

2

Photoshop Elements 的工作流程和基本操作

◇ Photoshop Elements 的工作区 ◇

①菜单栏——可以将照片图像在 Photoshop Elements 上打开、调出照片进行加工的功能等。

②选项栏——对于使用工具箱选择的工具，能够进行细微的调整。每一个选择的工具，所表示的内容都各不相同。

③工具箱——用于修整图像、剪裁图像、只选择特定的范围等。

④项目区——将在 Photoshop Elements 上打开的照片以缩略图来显示。双击一下，就可以显示大图。

⑤图层面板——可以确认和管理利用图层的时候图像的重叠情况。关于详细的操作方法，在 P119 上我们会讲解。

⑥要调整的图层面板——当使用要调整的图层面板时就会显示，在这里可以详细改变具体内容。

图像加工软件功能非常多。只是没有必要将所有功能都学会。找到自己喜欢的功能也是很重要的。本书就把焦点放到色调和颜色上，主要选择讲解了如何使用要调整的图层的操作。

将加工过的图像在照片上重叠的做法

现在开始，通过代表性的润色软件 Photoshop Elements，我们来看一下摄影后可以进行什么样的编辑工作。Photoshop Elements 的工作流程正像我们这里记述的一样，分为几个面板和工具箱。

首先，我们要先理解一点：不只是 Photoshop Elements，其他用这样的编辑软件来加工照片的时候也是这样，加工并不是在原来照片上直接加工。实际上，它是通过重叠被叫作"图层"的假想的图像，来进行加工处理的。例如，当我们想用 Photoshop Elements 将某一个照片调整得明亮一些的时候，就是我们在原始图像的基础上，重叠做了明亮补正的图像这样一个道理。所以，如果消除重叠到上面的图像的话，就能恢复原来的照片图像。

只是，在最终进行 JPEG 保存的时候，一般情况下，这些图层都会统一成一个，做成一张照片图像（参照 P125）。在下一页当中，我们将会对利用频率最高的两个调整功能进行说明。

◇色阶调整的功能◇

色阶调整在 Photoshop Elements 中是利用频率最高的一个功能。它可以自由改变照片的亮度和反差。操作方法也很简单。

从菜单栏里一步一步选择"图层"——"要调整的图层"——"色阶调整"。要调整的图层面板中会显示出色阶调整。

原始图像

★增强反差的校正

将两侧的滑块往中间靠的话，就能加强反差。

★暗色校正

相反，将正中间的三角形的灰色滑块往右边拉动的话，照片就会变暗。

★亮色校正

将正中间的三角形的灰色滑块往左边拉的话，照片就会变亮。

◇色相/饱和度的功能◇

能够调整照片的颜色和鲜艳度。基本上也可以这么说：利用色相的机会比较少，大多都是用饱和度的调整。

"色相/饱和度"也在"要调整的图层"里面。在要调整的图层当中，除了表示综合性的颜色的"全图"之外，还能分成其他各种颜色来选择、调整。

原始图像

★负向校正饱和度

将饱和度设为负数的话，最终就会变成没有彩色的效果。

★正向校正饱和度

将饱和度设为正数的话，鲜艳度就会增强。饱和度在照片本身灰暗的时候也很有效。

★负向校正红色系

选择红色系，将色相设为负向的话，红色系的颜色就会向紫色校正。

★正向校正红色系

选择红色系，将色相设为正向的话，红色系的颜色会校正为粉红色。

照片整体做出蓬松、颜色也很鲜艳的效果。

原始图像

利用模糊的效果，做成柔焦成像的感觉

当我们想把照片整体做成蓬松感的效果的时候，如果活用滤镜内的"模糊"效果的话，就能享受像是用了柔焦点效果一样的图像的乐趣。操作本身虽然要按部就班分几步走，可是一旦记住了，也不是什么难事。

在这个"模糊"当中，"重叠方法"和"强度"是重点。实际上，对原始图像的图层的重叠方法设置有几个选项，可以薄薄地涂一层，或者只在一部分加图层。我们把这个叫作"蒙版图层"，可以在图层面板内进行改变。详细介绍此处省略，在这里，作为"恰到好处"地重叠"柔焦点"的图层，我们设定了"滤色"。当然，如果能发现自己喜欢的其他功能，也可以使用。"模糊"的强度如果弄得过强的话，就会留下造作的痕迹。任何事情都是合适最重要。这个工作会决定照片的好坏。让我们自己适当斟酌调节着来设定吧。

◇适合使用模糊背景的效果◇

首先将背景图层拖动——下拉到"做成新图层"。

因为可以做出"背景 副本"图层，在选择了"背景 副本"图层的状态下，将绘图模式从"正常"改换成"滤色"。

从菜单中逐步选择"滤镜"——"模糊"——"模糊（高斯模糊）"。必须要确认选择了"背景 副本"才行。

显示出能够调整模糊的强度的画面。检查预览的话，效果就会出现在图像中，一边查看这个效果一边进行设定。

调整不透明度的话，就能改变设定的效果的程度。像这样，就会收到像利用了柔焦点滤镜一样的效果。

◇调整反差和亮度◇

用了软焦点镜头的结果就是猫的图像印象有点稀薄，所以利用色阶调整来将其调暗，做出整个照片不要太过模糊的效果。

◇加强鲜艳度◇

★完成！

最后一步加强饱和度，做出了这个具有张弛有度、生动有趣、色彩鲜艳的照片效果。照片完成。

一点小建议　　["图层"面板的看法]

只要使用图像加工软件，"图层"面板是一个谁都会用到的功能。让我们轻松记住它上面带有的一些内容吧。

①做成新图层
它能够做成新的图层。

②追加图层蒙版
它能够追加新的图层蒙版。

③选择要填充或者要调整的图层，要调整的图层从这里也可以选择。

④删除图层
不需要的图层用拖动——下拉就可以删除。

⑤显示／不显示图层
每次点击时，就可以转换显示：是显示出图层的画像还是不显示出图层的画像。

⑥图层蒙版
它可以将用图层校正的部分蒙起来（隐藏起来）。

⑦绘图模式
可以选择图层的重叠方式（合成方法）。

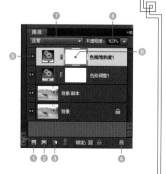

⑧不透明度
这是一个可以调整图层效果的功能。选择0%，效果就是零了。

（2）做出时尚的海边照片

一幅比较生动地传达出南国海边风景的画面的影像。

原始图像

利用色阶调整，来做出有个性的颜色

如果想拍出反差高、颜色鲜艳的时尚色调的照片的话，要利用色阶调整。其实，色阶调整不只是明亮度的修正，也可以进行红色、绿色、蓝色这三种颜色的颜色修正。比如说，选择红色，将中间色的灰色滑块往左边移动的话，整体上就会使红色效果增加。往右边移动的话，颜色就会偏向青色调。将两侧的滑块向内侧移动的话，像明亮度的修正一样，反差也可以得到调整。这个操作的魅力之处在于做出的照片的颜色效果的偶然性。简直就像胶片的交叉处理（P110）一样，可以轻松享受一些难以预测的神奇的效果。

做出时尚流行的照片的秘诀是将红色、绿色、蓝色的两边的滑块几乎均等地向内侧收紧。我们把这个作为一个基准。更进一步讲，如果想做成独特的颜色的话，三色当中有一个不要进行修正。这样，就能够使颜色出现某种"偏重"。

◇用色阶调整来增加交叉处理的效果◇

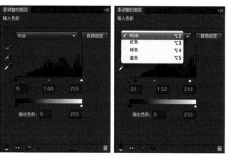

点击用 RGB 显示的部分的话，红色、绿色、蓝色的通道就会打开，可以选择自己喜欢的项目。

首先，将红色通道的两侧的滑块，像上图这样，均等地往中间收紧。当然，不均等也没有关系，算是一个标准吧。

然后，绿色通道也同样可以收紧滑块。这时，也可以像刚才的红色通道那样，收紧到同等程度，来进行调整。

最后，来修正蓝色通道。由于整体是一幅蓝色较多的风景照，如果过于收紧滑块的话，就会突出强调蓝色色调，所以，这个通道不要动得太大，要强调其他颜色。

一点小建议

[利用色阶调整，改变颜色]

在本文当中，关于红色通道的颜色修正做了讲解，那么其他两种通道会有什么样的颜色变化呢？首先，绿色通道的时候，将灰色滑块往左边移动就会变绿色；往右边移动就会变品红。另外，蓝色通道的时候，将灰色滑块往左边移动的话，就会变蓝色，往右边移动的话就会变成黄色。让我们在实际操作中，来记住这些颜色的变化吧。

◇ 比起利用饱和度，选择颜色鲜艳的味道更好◇

★**完成！**

为了稍稍增加一点颜色的鲜艳度，稍微调整一下饱和度项目，就完成了。

（3）拍出粗犷的黑白风格相片

做出了与原始图像质感差别很大的照片。头脑中要有自然色调的意识。

原始图像

使用滤镜，将照片变成值得玩味的黑白照

一般情况下，为了将彩色的照片做成黑白风格，要调整图层的"色相／饱和度"。将饱和度的滑块往左边调近，就会做成黑白风格的照片。如果在这里想给照片调整一下浓淡的话，就让我们活用滤镜效果吧。比如说，如果使用这里面的"杂色"功能的话，就能表现出胶片照片特有的粒状感。实际上，可以一边与加了杂色的图像对照，一边进行详细调整。另外，对于把杂色做得比较自然有效的是前面刚刚登场的"模糊效果"。在这里，通过把杂色的粒子调整得细致，就能做出相对比较自然的粒状感效果。

进一步做的话，通过使用滤镜内的"镜头校正"，就可以调整周边光量，将照片四角的光线调暗。这会赋予黑白照片浓淡感，产生层次感。顺便说一下，"镜头校正"是一个可以对各种各样的场面都能享用的好功能，比如当我们想将照片润色成似乎是玩具相机风格拍出的照片风格的时候等等，都可以利用。

◇利用镜头校正来把照片的四个边角调暗◇

先使之适用滤镜效果。与P119同样，首先要做出"背景 副本"图层。

在选择了"背景副本"的状态下，从菜单栏中一步一步选择"滤镜"——"镜头校正"。

因为出现镜头校正画面，将小插图内的"适用量"的滑块往"昏暗"移动，将"中心点"的滑块也向左边移动。这样一来，就会做出周边大幅变暗的照片图像。

◇用自然的氛围添加杂色◇

从菜单栏里逐一选择"滤镜"——"杂色"——"添加杂色"。这样一来，就会显示照片粒子可以变粗的画面，不要添加太多杂色，这里将其设定为10%左右。

再进一步，用模糊（高斯模糊）来减轻杂色的粗糙。标准设在1.0pixel程度。

◇将颜色改变成黑白色◇

使用滤镜效果，就会把颜色变成黑白色，用要调整的图层的"色相／饱和度"将全图的饱和度设定为-100。

★完成！

最后用"色阶调整"，将照片调整成反差强烈、张弛生动的颜色，就完成了。这里使用的"色阶调整"在照片的成像效果中，也起到了关键的作用。

（4）完成具有透明感的人物照

原始图像

以绿色和元
青色为基础色，
做出十分明亮的
氛围。背景也变
得很明亮并富有
魅力。

用调合成的新绿颜色来统一整个画面

在进行有淡淡的透明感的修饰方面，重要的是要有清爽的颜色和明亮的色调描述。特别是关于颜色方面，如果以色阶调整的青色、绿色、蓝色的三色为基本色进行组合的话，就容易表现出清爽、凉快的空气感。顺便说一下，红色和黄色会强调出琥珀味道。所以，在我们想唤起哀愁和乡愁等特定的印象时，建议您选用这种颜色。通过将色调设定得明亮一些，就会使整个照片相对增加柔和感。这对做出具有透明感的效果是不可缺少的要素。

这些效果通过色阶调整的各个通道，全部都能简单地做出来合适的效果。这次我们是通过最后正向修正饱和度来完成了作品。另外，饱和度比较夺目，能突出鲜艳感，不过，如果过于强调饱和度的话，有时反而会造成颜色崩溃、平淡没有特色的效果（叫作色饱和）。饱和度就像是做出照片效果的"秘诀"，即使是一点点修正，也会发挥出很大的作用。

对于已完成的图像，试着用色阶调整将蓝色再添加一点。像这样，根据自己的喜好，可以做成各种各样风格的照片，这就是使用图像加工软件的至尊享受了。

一点小建议

[关于编辑后的照片保存形式]

在 P116 中我们也稍稍做了一点介绍，编辑后的照片图像最终要定一个扩展名来保存。这时，主要使用的扩展名有两种。一种是将图层"合并"，将其做成图片的 JPEG 格式。这是最常用的形式。数据的容量也小，又简单易操作。只是，它无法将过去的图层再次显示。另外一种是将图层原封不动地保存下来的通用性高的 TIFF（TEIFU）和 Photoshop 中使用的 Photoshop(psd) 等。由于这种可以保留图层，适合将操作没结束的图片保存下来。只是，照片的容量过大，也是一种难于处理的形式。另外，JPEG 图像在编辑、保存图像的反复操作中，图像会一点点劣化。而 TIFF 和 Photoshop 就不会出现这种现象，这也是它们的特征。

菜单栏里选"文件"——"保存"将照片图像保存起来。这时，选择"格式"，就可以选择扩展名了。

◇ 利用色阶调整演绎出清凉的印象 ◇

利用色阶调整的红色通道来添加青色。当想突出幻境般的氛围时，将这个青色设定的稍微强一点也很有意思。

利用绿色的通道来增强设定绿色。人物的肤质等比刚才更加具有现实感。背景的绿色也很漂亮地有了颜色。

移动 RGB 通道的滑块，将整个照片调得明亮。

◇ 增强设定饱和度，来增加照片的鲜艳度 ◇

★完成！

用"色相／饱和度"增加鲜艳度，人物就会出现张弛生动的效果。

专栏03
关于照片的各式各样的保存方法

有没有人将照片放入电脑和保存媒介就不管了呢？数码数据经常伴随着瞬间突然消失的危险性。让我们做好准备，好好地保存相片吧。

便携式硬盘

它的便携性也很好，便于携带，非常方便。带着电脑去外地的时候，用作数据的备份是最合适的，耐久性也非常高。

外装硬盘

一般的记录摄影的话，1TB左右的容量就足够了。另外，也有一种叫作RAID的外装硬盘，它可以拷贝数据自动备份。

一点小建议

[关于机器的保管]

用于保存数据的器材，也要注意它的放置场所。避开高温潮湿的地方，放置于太阳照射不到的背阴处。另外，如果是外装硬盘，在使用中若不小心堵塞通气口的话，可能会导致内部故障。顺便说一下，我们要注意这些器材一定要从知名厂家购买。特别是CD-R和DVD-R，很多产品都不肯定是哪个厂家生产的。要避开只用价格来选择器材的做法，我们要质优价廉的东西。

重要的照片我们要做双重保存

在数码相片的保存当中，最经常被利用的器材是外装的硬盘驱动器（HDD）。即使电脑出现故障，因为它是外装的，所以也不必担心照片数据会消失。另外，如果所操作的数据没有那么多的话，移动硬盘类型也很方便。不占用空间，可以轻松使用。

保存为照片数据用的CD-R和DVD-R也是一个选择。这些保存方式的不同之处在于容量的大小。DVD-R容量较大，大尺寸的照片也能够大量保存。

硬盘驱动器等的器材轻易不会损坏。但是，虽说如此，既然是精密器材，发生故障也是在所难免的。从这个意义上讲，重要度较高的照片提前做好备份是很必要的。比如说，照片基本上是利用外装的硬盘驱动保存的；但是，对于其中比较重要的照片，也要保存到DVD-R等等，有很多方式。有个万一的时候，有备份也会比较安心。

Camera life style 04

可以包着相机来拿的相机保护膜和铺在它下面的垫子，在野外拍摄也是至宝的小东西。它们能帮助我们温柔地守护好相机。

【卷末】照片成像的构成要点

1. 关于成像元件与有效像素

★ 用带有APS-C尺寸的成像元件的数码单反相机来拍摄的照片

★ 用小型数码相机拍摄的照片

请注意天空和群山的层次。用数码单反相机拍摄更能将天空的层次拍得顺畅，暗部也会完好地保留下来。

★ 主要的成像元件的种类

1/2.3 型

三分之四 / 微型三分之四成像元件

APS-C

全画幅

（6.2mm×4.6mm）	（13.5mm×18mm）	（16.7mm×23.4mm）	（24mm×36mm）
这是很多小型数码相机中所采用的成像元件。	三分之四也好，微型三分之四也好，成像元件的尺寸是相同的。详细介绍此处省略，不过，这两个规格是不同的。将三分之四的成像元件做的在较小的相机也能使用，这就是微型三分之四配置了。成像元件尺寸是原尺寸的大约一半。 *代表性的机种：奥林巴斯E系列 / PEN (E-P) 系列、松下G系列 /L系列*	从入门机型到中级机型，受到广泛使用的一种成像元件。APS-C的尺寸本身并未曾有一个严格的定义，在各个机型中的大小是有点差异的。 *代表性的机种：佳能 EOS 7D/60D/EOS Kiss X 系列、尼康 300s/D7000/D5100、宾得 K-5/K-r、索尼 a77/a65/NEX 系列*	这是和35mm胶卷相同面积的成像元件。 在专业的数码单反相机上多有配置。 *代表性的机种：佳能 EOS-IDX/5D 系列、尼康 D3 系列 / D700、索尼 a900*

关于重要的成像元件

正如前面所说明的一样，所谓成像元件，是将光线信息在相机内部"固定"的传感器。它相当于胶片相机中所说的胶片。成像元件的面积越大，"层次"会变得越丰富。所谓层次，指的是颜色层次（浓淡）。也就是说，成像元件越大，颜色的浓淡就会做得越顺畅。即使只是一片蓝天，也能将其颜色层次做得流畅、精致。另外，也不容易出现死白和晦黑等现象。

成像元件的尺寸越大，模糊效果越丰富。所以，带有像小型数码相机这样的小的成像元件的相机，模糊的效果不会太大。

还有，数码单反相机中用得较多的成像元件的尺寸主要有三个种类。现在的主流有两种。一种是高配置的机型上多用的"全画幅"，和从入门机到高成熟机型都在广泛使用的"APS-C"，还有奥林巴斯的PEN和装在松下的G系列中使用的"微型三分之四"。

★成像元件尺寸和层次的关系

成像元件尺寸小
的时候

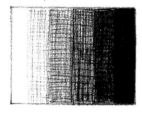

成像元件尺寸大
的时候

成像元件尺寸越大，就越可能做出层次顺滑的表现

★有效像素数和分辨率的关系

像素数多　　　　像素数少

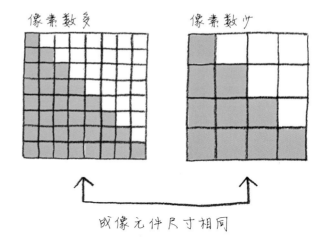

成像元件尺寸相同

如果成像元件尺寸相同，像素越高，就越会照出质地细致的照片。只是，我们也要记住：像素数越高，照片的尺寸也就会越大，同时也越会有它难以处理的方面。

★有效像素数和成像元件的关系

面积小　同样的像素数　面积大

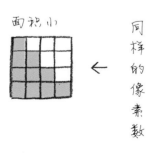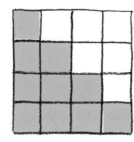

有效像素数相同的时候，成像元件尺寸越大，相当于1像素的光量就会增加。实际上，1像素需要的光量越增加，进行高感光度摄影时，图像的劣化就越难以发生。所以，成像元件越大，画质就越高。

有效像素数的效果

　　如果是有效像素数多的相机，可以拍出纹理细致的照片。这个纹理的细致度叫作解像度。解像度越高，照片效果就会越显精细，就越可以洗印得大。

　　数码图像如果扩大的话，最终就会出现马赛克状。这个马赛克越多，解像度就越高，照片就会越精细。现在高配置的机型都超过2000万像素，入门机型也大致都有1500万以上的有效像素。顺便说一下，往网页上上传的话，有50万像素左右就够了；要洗印成L开大小的话，有100万像素左右就足以应对了。数码单反相机的有效像素数是何等配置的也就可以窥见一斑了。

　　成像元件尺寸大、有效像素数也多的相机就叫作高配置的机型了。比如说，有效像素数为1000万的小型数码相机和数码单反相机比较，有关层次方面的部分，就会产生"差距"。

2. 光圈和快门速度与曝光补偿的关系

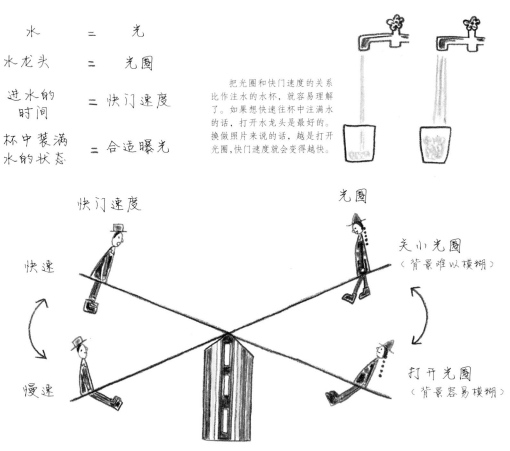

水　　　　=　　光

水龙头　　=　　光圈

进水的　　=　快门速度
时间

杯中装满　=　合适曝光
水的状态

把光圈和快门速度的关系比作注水的水杯，就容易理解了。如果想快速往杯中注满水的话，打开水龙头是最好的。换做照片来说的话，越是打开光圈，快门速度就会变得越快。

快门速度　　　　　　　　光圈

快速　　　　　　　　　　　　关小光圈
（背景难以模糊）

慢速　　　　　　　　　　　打开光圈
（背景容易模糊）

光圈和快门速度的关系简直就像玩跷跷板游戏似的。不管是想要还是不想要，只要改变一方的设定，就会对另一方的设定产生影响。如果想活用低速效果来摄影的话，不管你自己想不想，连背景都会很容易对焦了。

我们把这个关系比作往杯中倒水

　　光圈和快门速度的变化会对照片的成像效果带来很大影响，这一点我们前面已经多次提到过。在这里，我们把焦点放在这两个要素的具体关系上。

　　如前面所述，相机从光圈的孔里摄取光线来拍照片，这个可以比喻成从水管的水龙头里往杯子里接水这项工作。水龙头开得越大，流出来的水量就越大。结果，将杯子灌满水的时间也就会缩短。这个时候的水龙头就相当于光圈，水杯里接到水满为止的时间就相当于快门速度，而且，水本身就相当于光线。另外，水正好满的状态的杯子就是合适的曝光。也就是这么一回事：光圈开得越大，由于一次进来的光线很多，达到合适曝光的时间也就会变短（快门速度就会变快）。相反，光圈越小，光线就只能一点点地进来，所以，到达合适曝光的时间也就会变长（快门速度会变慢）。如 P19 所述，在连背景都要对焦摄影的时候，需要注意手的抖动。

这是合适曝光的状态

· · · · · 　就是杯子中的水不多不少正好满的状态。

这是曝光过度的状态

· · · · · 　快门速度变慢，光圈数值变小（背景模糊度变大）的倾向就会变强。

这是曝光不足的状态

· · · · · 　快门速度变快，光圈数值变大（变得连背景都容易对焦了）的倾向就会变强。

曝光补偿本身的构造

　　以往杯中注水为例，也想让您继续看一看曝光补偿的构造。刚才我们也说过，水满状态的杯子理解为合适的曝光。也就是说，正合适量的水（光线）正好进入杯子的状态就是相机所判断的正合适的明亮度。但是，照片通过曝光补偿，就会将照片调整得或者明亮、或者阴暗。这个状态用杯子和水的例子来表示的话，会是怎样一个情况呢？

　　实际上，所谓照片明亮的状态，也就意味着光线比一般的时候要进得过多，也就是说，是水从杯子里外溢的状态。相反，所谓照片阴暗的状态，也就意味着光线不足，也就意味着，杯中的水是不满的状态。

　　在 P34 中，我们说过，拍摄明亮的照片时，快门速度会有变慢的倾向。这是因为往杯子里注入了多于合适量的水的结果，导致开着水龙头的时间过长的缘故。所以，相反地，如果想拍出阴暗的照片的话，快门速度变快的倾向就会变强。

3. 光圈与快门速度及感光度（ISO）的关系

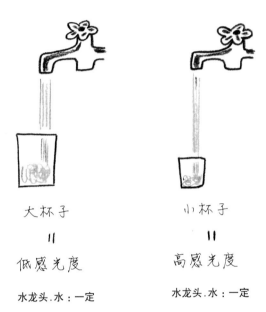

大杯子

=

低感光度

水龙头. 水：一定

小杯子

=

高感光度

水龙头. 水：一定

从水龙头里出来的水量相同的情况下（光圈相同），越是小杯子，水就越能够很快接满。也就是说，越是高感光度，快门速度就越容易变快。

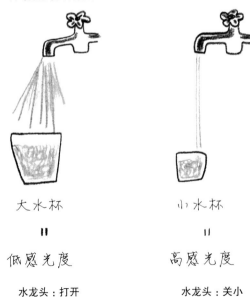

大水杯

=

低感光度

水龙头：打开

水：大

小水杯

=

高感光度

水龙头：关小

水：小

当想在相同的时间内，用水注满杯子的时候（快门速度相同），是打开大杯子那边的水龙头呢，还是关小小杯子那边的水龙头？要选择其中之一。也就是说，感光度越高，光圈就越容易关小。

水杯的大小就是 ISO 感光度

正如我们在 P26 中所讲的那样，ISO 感光度数值的增减，会带来它对光线"感受方法"的变化。

把这一点对应到杯子和水的例子中的话，ISO 感光度正好就是水杯自身的大小。也就是说，感光度越高，也就越可以用少量的光线（水）拍出照片，所以，杯子就会变小。而感光度越低，就越需要大量的光线，相反也就越需要杯子变大才行。杯子自身越小，就越能够尽快将杯中注满水；即使将水龙头拧小，水杯里注到满水为止也不会花太多时间。之所以越是高感光度，快门速度就能越快，而且，也就越容易拧小光圈，就是因为这么一个道理。

一点小建议

［了解景深］

所谓景深是显示对焦范围的用语。对焦部分狭小、背景模糊度大的状态叫作"景深较浅"，相反，连背景都能对焦很好的状态叫作"景深较深"。虽然在实际中应用得也并不是太多，但我们还是将这些知识放在我们头脑中的某个角落吧。

专栏 **04**
有关存储卡的常识与选择方式

如果购买数码相机，首先有必要保证的是保存媒介。相机店里也会销售各种各样的类型。这里，我们来了解一下保存媒介的基础知识和选择方式。

◇存储卡记载的内容◇

速度

这是从卡片到相机、从相机到电脑等，将拍摄的照片保存传送时的速度的标准。用这个 SD 卡来说的话，它表示的是 1 秒钟可以保存传送 30MB 的意思。

速度等级

它表示的是将数据保存到卡上时的最低限度的速度。比如说，以 CLASS10 为例的话，它表示 1 秒钟最低能传送 10MB 以上。在动画摄影和静止图片的连拍等时候，就需要一次性存入大量数据了。可以参考这个配置，来选择保存卡。

容量配置

SD 卡根据其容量的大小，名称会有不同。具体来说分为三种，一个是能保存 2GB 以内数据的 SD，一个是能保存 4GB-32GB 的 SDHC，还有一个是能保存 32GB-2TB 数据的 SDXC。

容量

容量越大，就越能保存大量的照片。只是，如果过大，发生什么故障或丢失数据的话，就会有损失很大的风险。一般来说，建议您选用 16GB 大小的保存卡，也是十分适合旅行时用的容量。

UDMA

这是动画摄影时数据的最低传送速度。是将存储卡和数码相机接续起来的扩展配置。这个数字越大，就越能高速传送数据。

VPG

传送动画数据的配置。这里，它表示的是 1 秒钟能保存 20MB 的数据。

速度

容量

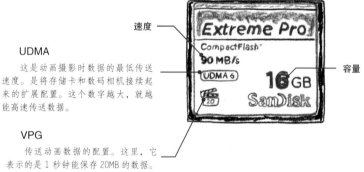

让我们不吝资金，购买好东西吧

使用数码相机拍摄照片的时候，一定需要的是将拍摄的照片保存起来的保存媒介（以下称为卡）。由于它一般不会在购买相机时附赠，所以必须自己去另外购买。

现在，记录卡主要有 SD 卡和 CF 卡这两种。大多数适合初级入门用户的相机都是用 SD 卡的。CF 卡一般多都用于高级机型。

选择记录卡时的重点，首先是不要把廉价当作选择标准。因为是记录、保存重要的照片，所以一定要选择有质量保证的东西。建议您使用著名厂家的产品。

另外，记录卡受到某种程度的潮湿和冲击，比如不小心掉进水里、不小心踩到等情况，也不会立即损坏。但是，它唯独害怕静电，所以要特别注意静电。当我们把卡从相机中取出以后，不要忘记将它放到专门装卡的盒子里保存起来。

图书在版编目（CIP）数据

零起点：第 1 堂摄影课 /（日）河野铁平著；郑世风译 . -- 太原：山西人民出版社，2019.1
ISBN 978-7-203-10419-3

Ⅰ . ①零… Ⅱ . ①河… ②郑… Ⅲ . ①数字照相机—单镜头反光照相机—摄影技术 Ⅳ .
① TB86 ② J41

中国版本图书馆 CIP 数据核字 (2018) 第 104025 号

著作权合同登记图字：04-2018-030

KIHON GA WAKARU HAJIMETE NO SHASIN LESSON by Teppei Kono
Copyright © Teppei Kono 2011
Copyright © GENKOSHA Co.,Ltd 2011
All rights reserved.
First original Japanese edition published by GENKOSHA Co.,Ltd Japan
Chinese (in simplified character only) translation rights arranged with GENKOSHA Co.,Ltd Japan.
through CREEK & RIVER Co., Ltd. and CREEK & RIVER SHANGHAI Co., Ltd.

零起点：第 1 堂摄影课

著　　者：〔日〕河野铁平
译　　者：郑世风
责任编辑：傅晓红
复　　审：贺　权
终　　审：秦继华
装帧设计：子鹏语衣

出　版　者：山西出版传媒集团·山西人民出版社
地　　址：太原市建设南路 21 号
邮　　编：030012
发行营销：0351-4922220　4955996　4956039　4922127（传真）
天猫官网：http://sxrmcbs.tmall.com　电话：0351-4922159
E-mail：sxskcb@163.com　发行部
　　　　　sxskcb@126.com　总编室
网　　址：www.sxskcb.com

经　销　者：山西出版传媒集团·山西人民出版社
承　印　厂：山东新华印务有限责任公司

开　　本：787mm×1092mm　1/16
印　　张：8.75
字　　数：110 千字
印　　数：1—5000 册
版　　次：2019 年 1 月　第 1 版
印　　次：2019 年 1 月　第 1 次印刷
书　　号：ISBN 978-7-203-10419-3
定　　价：56.00 元

如有印装质量问题请与本社联系调换